U0184034

普通高等教育公共基础课系列教材·信息技术类

Python 程序设计实验教程

金一宁　张启涛　韩雪娜　杨　俊　主　编
于　凤　王兴兰　关绍云　沈　杰　副主编

科　学　出　版　社
北　京

内 容 简 介

本书是《Python 程序设计简明教程》（金一宁等主编，科学出版社）一书的配套教材。全书共 4 章，主要内容包括主教材各章节概要、上机实验、习题与参考答案、二级 Python 模拟试卷及参考答案。其中，14 个上机实验与授课计划同步，介绍每次上机实验课具体的实验目的、实验范例和实验内容，使学生明确上机实验任务，在实验过程中加深对课堂所学知识的理解并提高实际动手能力。

本书内容简明实用，适合作为高等院校非计算机专业本科生的实验教材，也可作为全国计算机等级考试二级考试科目“Python 语言程序设计”的参考书。

图书在版编目（CIP）数据

Python 程序设计实验教程/金一宁等主编. —北京：科学出版社，2020.8
（普通高等教育公共基础课系列教材 • 信息技术类）
ISBN 978-7-03-065816-6

Ⅰ. ①P… Ⅱ. ①金… Ⅲ. ①软件工具－程序设计－高等学校－教材
Ⅳ. ①TP311.561

中国版本图书馆 CIP 数据核字（2020）第 145892 号

责任编辑：宋 丽 杨 昕 / 责任校对：赵丽杰
责任印制：吕春珉 / 封面设计：东方人华平面设计部

科学出版社 出版
北京东黄城根北街 16 号
邮政编码：100717
http://www.sciencep.com
三河市骏杰印刷有限公司印刷
科学出版社发行 各地新华书店经销
*
2020 年 8 月第 一 版 开本：787×1092 1/16
2022 年 1 月第三次印刷 印张：12 1/4
字数：280 000

定价：38.00 元

（如有印装质量问题，我社负责调换〈骏杰〉）
销售部电话 010-62136230 编辑部电话 010-62138978-2032

前　言

Python 是一种简单易学、免费、开源的跨平台编程语言，不仅支持命令式编程和函数式编程，而且支持面向对象的程序设计，是目前颇为流行的计算机语言之一，被广泛应用于各个领域。“Python 语言程序设计”是教育部考试中心指定的全国计算机等级考试二级考试科目之一。

本书是《Python 程序设计简明教程》（金一宁等主编，科学出版社）一书的配套教材，主要内容包括主教材各章节概要、上机实验、习题与参考答案、二级 Python 模拟试卷及参考答案 4 部分。本书内容简明、针对性强、突出应用性和实践性，重视培养学生的实际动手能力。主教材各章节概要部分结合教师实际授课经验归纳主教材各章节的要点，便于学生理解与掌握。上机实验部分按照授课计划同步设计 14 个实验，提供有代表性的实验范例供学生参照，使学生可以及时消化每周所学的课程内容，积累程序调试经验，提高分析问题、解决问题的能力。习题与参考答案部分提供了大量的习题，可以加深学生对课程内容的理解。二级 Python 模拟试卷及参考答案部分提供了一套模拟试卷及其参考答案，使学生尽快地熟悉全国计算机等级考试二级的内容和流程。

本书由金一宁、张启涛、韩雪娜、杨俊担任主编，于凤、王兴兰、关绍云、沈杰担任副主编，李志强、吕鸿略和邢俊红参与编写本书的部分习题。

在编写本书的过程中，我们得到了哈尔滨商业大学各级领导的大力支持和帮助，同时也得到了哈尔滨商业大学计算机与信息工程学院从事计算机基础教学的教师们的关心和支持，在此表示衷心感谢。

由于编者水平有限，书中难免有不当之处，欢迎读者提出宝贵意见和建议。

编　者

2020 年 4 月

目　录

第1章 主教材各章节概要

1.1 Python 概述概要

1.1.1 Python 简介

1. Python 历史

Python 语言由荷兰人吉多·范罗苏姆（Guido van Rossum）设计并领导开发。2008 年 12 月，Python 3.0 版本发布，目前已经开发到 Python 3.8 版本。

2. Python 语言特点

1）简洁易学

Python 是简约、清晰、易用的编程语言，非常易于读写。因此，用户可以专注于要解决的问题本身，而不用在研究、学习程序语言、语法上花费太多精力。

2）开源

用户可以查看 Python 源代码，研究其代码细节或进行二次开发。用户不需要为使用 Python 进行软件开发支付费用，因此吸引了越来越多的优秀程序员加入 Python 开发中，形成了强大的 Python 社区，拥有众多的开发群体，进而使 Python 的功能更加丰富和完善。

3）解释型语言

用户可以在交互方式下直接测试运行 Python 代码行，使学习 Python 更加容易。

4）良好的跨平台性和可移植性

Python 可以被移植到不同的平台上，如 Linux、Windows、Mac OS、Android、iOS 等。

5）面向对象

Python 既支持面向过程的编程，也支持面向对象的编程。

6）可扩展性和丰富的第三方库

在 Python 程序中既可以调用 C 或 C++编写的程序，也可以把 Python 程序嵌入 C 或 C++程序中，这说明 Python 具有良好的可扩展性。Python 还拥有功能丰富的开发库，除了系统提供的 math 库、random 库、turtle 库等标准库外，用户还可以自己下载安装第三方库，提高工作效率。

1.1.2 Python 开发环境

1. Python 的下载和安装

Python 可以从官网下载，网址如下：https://www.python.org/downloads/。

下载时要注意选择适用的操作系统和版本。例如，选择与 Python 3.7.3 版本相应的 64 位 Windows 系统。安装时务必须选中“Add Python 3.7 to PATH”复选框，这样 Python 的相应文件就会包含在 Windows 搜索路径中，以后在用到 Python 第三方库安装工具 pip3 时就会很方便。

在 Windows 系统下，默认的安装路径是：“C:\Users\Administrator\AppData\Local\Programs\Python\”。安装后，Windows 系统的“开始”菜单中会包含 Python 选项，通常使用 Python 的集成开发环境 IDLE。

2. Python 的 IDLE 开发环境

用户可以选择“开始”→“所有程序”→“Python 3.7”→“IDLE (Python 3.7 64-bit)”命令，打开 IDLE 窗口。

Python 程序有两种运行方式：交互方式和文件方式。交互方式是在命令提示符“>>>”后输入 Python 命令，Python 解释器即时响应并输出结果。文件方式是通过建立 Python 程序文件，启动 Python 解释器批量执行文件中的代码。交互方式一般用于调试少量代码，文件方式是常用的编程方式。

（1）交互方式。在命令提示符后面输入 Python 命令行，回车后即显示运行结果。例如，输入 3*7，显示这两个数的乘积 21。之后再次显示命令提示符，等待用户输入下一条 Python 命令。

```
>>> 3*7
21
>>>
```

（2）文件方式。

① 新建文件。在 IDLE 窗口中选择“File”→“New File”命令，或按 Ctrl+N 组合键，打开编辑窗口，输入编辑程序代码。

② 保存文件。编辑完成后，在 IDLE 窗口中选择“File”→“Save”命令或按 Ctrl+S 组合键，保存程序文件，该程序文件的扩展名是.py。第一次保存程序文件时，会弹出“另存为”对话框，要求用户选择文件的保存位置、输入文件名。

③ 运行文件。在 IDLE 窗口中选择“Run”→“Run Module”命令或按 F5 键，可以运行当前文件。

④ 打开文件。在 IDLE 窗口中依次选择“File”→“Open”命令，或按 Ctrl+O 组合键，弹出“打开”对话框，要求用户选择所要编辑的文件的存储位置及其文件名。

IDLE 支持 Python 的语法高亮显示，以彩色区分。例如，注释用紫色显示，字符串用绿色显示。

若关闭 IDLE 窗口，可以选择“File”→“Exit”命令，也可直接单击窗口右上角的“关闭”按钮。

1.1.3　Python 程序示例

1. 程序的基本编写方法（IPO 模式）

编写程序一般包含输入数据、处理数据、输出数据三个环节。程序的基本编写方法根据三个英文单词 input、process、output 的首字母合称为 IPO 模式。

（1）输入（input）。输入是一个程序的开始。程序要处理的数据有多种来源，形成了多种输入方式，包括文件输入、网络输入、控制台输入、交互界面输入、随机数据输入和程序内部参数输入等。

（2）处理（process）。处理是程序对输入数据进行计算并输出结果的过程。计算问题的处理方法统称为算法，它是程序最重要的组成部分。

（3）输出（output）。输出是程序展示运算结果的方式。程序的输出方式包括控制台输出、图形输出、文件输出、网络输出和操作系统内部变量输出等。

2. 简单程序示例

【例 1.1】　程序运行时输入矩形的长和宽，输出矩形的面积。

源程序：

```
w=eval(input("请输入矩形的长："))
h=eval(input("请输入矩形的宽："))
print('矩形的面积是：',w*h)
```

运行结果：

```
请输入矩形的长：8
请输入矩形的宽：2
矩形的面积是： 16
```

说明：

（1）input()函数用于接收数据赋值给变量，默认接收字符串。

（2）eval()函数用于提取字符串内容并运行。例 1.1 要进行算术运算，因此要提取字符串内的具体数值。

（3）print()函数用于输出数据。例 1.1 输出数据为两项，用英文逗号分隔，其中一项是以输出的字符串内容作为提示信息，另一项是输出表达式的运行结果。

【例 1.2】　程序运行时输入一个字符串，输出字符串中包含的字符个数。

源程序：

```
s1=input('请输入一个字符串：')
print('字符串的长度是：',len(s1))
```

运行结果：

```
请输入一个字符串：abc
字符串的长度是： 3
```

说明：

（1）input()函数用于在程序运行时接收一个字符串赋值给变量 s1。

（2）print()函数用于输出两项，其中一项是提示信息字符串，另一项是 len()函数的值。len()函数用于计算字符串的长度，即字符串中包含字符的个数。

1.2 Python 基础知识概要

1.2.1 程序的书写规范

1. Python 语句

（1）一般语句。Python 通常是一行书写一条语句，一行语句结束时不写分号“;”。

（2）多行语句。在 Python 中，若语句过长，则可使用反斜杠“\”来连接多行语句。但在()、[]、{}内的多行语句被视为一行语句，不需要使用反斜杠“\”。

（3）同一行使用多条语句。在 Python 中可以同一行使用多条语句，各语句之间使用分号“;”分隔。

2. 代码块与缩进

Python 通过语句缩进对齐反映语句之间的逻辑关系，从而区分不同的代码块。代码块又称复合语句，由多行代码组成，这些代码能够完成相对复杂的功能。Python 中的代码块使用缩进来表示，缩进是 Python 语言中表明程序框架的唯一手段。

缩进是指每一行代码开始前的空白区域，用来表示代码之间的包含和层次关系。缩进的宽度不受限制，默认缩进宽度为 4 个空格。

3. 注释

注释对程序的执行没有任何影响，其作用是对程序作出解释说明，增强程序的可读性。Python 的注释分为单行注释和多行注释。单行注释以“#”开头，注释可以从任意位置开始。对于多行注释，可以采用三引号“'''”作为多行注释的开始和结束。

1.2.2　标识符和关键字

1. 标识符

计算机中的数据（变量、方法、对象等）都需要有名称，方便程序调用。这些用户根据需要定义的、由程序调用的符号称为标识符。

用户可以根据程序设计的需要来定义标识符，规则如下：

（1）首字符必须是字母、汉字或下划线“_”，不能以数字开头。

（2）中间字符可以是字母、汉字、数字或下划线“_”，不能有空格。

（3）标识符区分大小写字母，没有长度限制。

（4）标识符不能使用 Python 中预留的具有特殊作用的关键字。

2. 关键字

关键字又称保留字，是 Python 系统内部定义和使用的标识符。Python 常用的关键字有 and、as、assert、break、class、def、del、elif、else、except、False、finally、for、from、global、if、in、is、lambda、nonlocal、not、None、pass、raise、return、True、while、with 等。

1.2.3　Python 的数值类型、常量与变量

Python 中的数据类型包含基本数据类型和组合数据类型两种。其中，基本数据类型有数值类型、字符串类型和布尔类型；组合数据类型有元组、列表、字典和集合。

1. 数值类型

数值类型用于存储数值，参与算术运算。Python 支持 3 种不同的数值类型，包括整型（int）、浮点型（float）和复数型（complex）。

整型数据是指带正负号的整数数据。浮点型数据表示实数数据，由整数部分、小数点和小数部分组成，Python 3.x 对浮点数默认提供 17 位有效数字的精度。复数型数据用来表示数学中的复数，复数由实数部分和虚数部分组成，形如 x=a+bj，其中 a 是复数的实部，b 是复数的虚部，在 Python 中可以使用 x.real 和 x.imag 分别获得复数 x 的实部和虚部。

2. 常量与变量

1）常量

在程序运行过程中，其值不发生改变的数据对象称为常量。常量是指一旦初始化后就不能修改的固定值，按其值的类型分为整型常量、浮点型常量和字符串常量等。例如，123、−78 是整型常量，5.8、3.14159 是浮点型常量，"410083Python"是字符串常量。

2）变量

在程序运行过程中，其值可以随着程序的运行而改变的数据对象称为变量。Python 语言中的变量与其他高级语言中的变量不同。Python 中没有专门定义变量的语句，而是使用赋值语句完成变量的声明和定义。变量名不是对内存地址的引用，而是对数据的引用。也就是说，用赋值语句对变量重新赋值时，Python 为其分配了新的内存单元，变量将指向新的地址。

1.2.4 Python 的字符串类型

字符串是字符的序列。在 Python 中，有字符串类型的常量和变量。

1. 字符串的表示

在 Python 中，可以使用单引号、双引号或三引号定义一个标准字符串。用单引号或双引号括起来的字符串必须在一行内表示，而用三引号括起来的字符串可以是多行的。

2. 字符串的操作

1）字符串的索引

对字符串中某个字符的检索称为索引。字符串包括两种序号体系：正向递增序号和反向递减序号，如图 1-1 所示。这两种索引字符的方法可以同时使用。

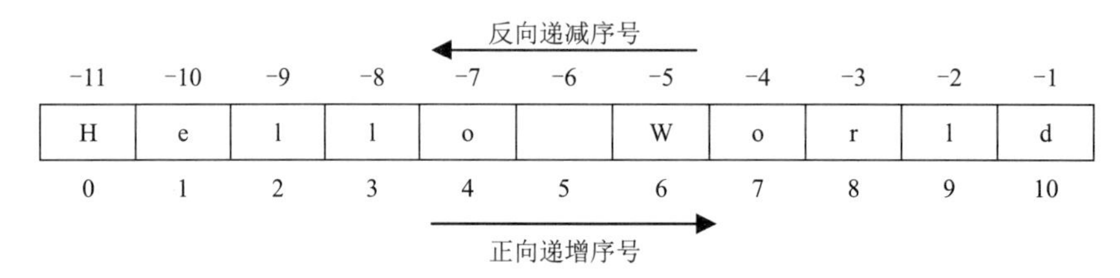

图 1-1 Python 字符串的序号体系

字符串以 Unicode 编码存储，因此字符串的英文字符和中文字符都计作 1 个字符。Python 中字符串索引的使用方式如下：

```
<字符串或字符串变量>[序号]
```

2）字符串的切片

对字符串中某个子串或区间的检索称为切片。字符串切片的使用方式如下：

```
<字符串或字符串变量>[N:M]
```

切片获取字符串从 N 到 M（不包含 M）的子字符串。其中，N 和 M 为字符串的索引序号。切片要求 N 和 M 都在字符串的索引区间，若 N 大于等于 M，则返回空字符串；若 N 索引缺失，则表示从字符串起始位置开始；若 M 索引缺失，则表示到字符串结束为止。

3）字符串操作符

Python 提供了 3 个基本的字符串操作符，即 x+y、x*n 和 x in y。

3. 字符串输出的格式化

字符串输出的格式化用于解决字符串和变量同时输出时的格式安排问题。Python 中推荐使用 str.format()格式化方法。

1）str.format()方法的基本使用

字符串输出的格式化方法 str.format()的具体使用格式如下：

```
<模板字符串>.format(<逗号分隔的参数>)
```

其中，模板字符串是一个由字符串和占位符（槽）组成的字符串，用来控制字符串和变量的显示效果。占位符用大括号“{}”表示，对应 str.format()方法中逗号分隔的参数。

若模板字符串有多个占位符，且占位符内没有指定序号，则按照占位符出现的顺序分别对应 str.format()方法中的不同参数。也可以通过 str.format()参数的序号在模板字符串占位符中指定参数的使用，参数从 0 开始编号。

2）str.format()方法的格式控制

str.format()方法中的占位符除了包括参数序号外，还包括格式控制信息，其语法格式如下：

```
{<参数序号>:<格式控制标记>}
```

格式控制标记包括 6 个可选字段：<填充>、<对齐>、<宽度>、< , >、< .精度>和<类型>。

6 个格式控制标记可分为两组。

第一组包括<宽度>、<对齐>和<填充>3 个相关字段，主要用于对显示格式的规范。宽度指当前占位符的设定输出字符宽度。若该占位符参数实际值比宽度设定值大，则使用参数实际长度。若该值的实际位数小于指定宽度，则按照对齐指定方式在宽度内对齐，默认以空格填充。对齐字段分别使用<、>和^三个符号表示左对齐、右对齐和居中对齐。填充字段可以修改默认填充字符，填充字符只能有一个。

第二组包括< , >、<.精度>和<类型>3 个字段，主要用于对数值本身的规范。<,>数字的千位分隔符，用于整数和浮点数。<.精度>以小数点“.”开头。对于浮点数，精度表示小数部分输出的有效位数；对于字符串，精度表示输出的最大长度。<类型>表示输出整数和浮点数类型的格式规则。

4. 内置的字符串处理函数

Python 提供了一些关于字符串处理的内置函数，常用的内置字符串处理函数有 len(x)、str(x)、chr(x)和 ord(x)。

5. 字符串处理方法

在 Python 解释器内部，所有数据类型采用面向对象方式实现，因此大部分数据类型有面向对象的处理方法。方法采用<前导对象>.func(x)形式调用。常用的字符串处理方法有 str.lower()、str.upper()、str.find(s)、str.count(sub)、str.split()、str.replace(old,new)和 str.join()。其中的前导对象 str 通常是一个变量，名字任意，如 s.lower()。

1.2.5 数据类型判断和数据类型间转换

1. 数据类型判断

Python 语言提供 type(x)函数对变量 x 进行数据类型判断，适用于任何数据类型。

2. 数据类型间转换

通过内置的数据类型转换函数可以显式地在不同数据类型之间实现转换，常见的类型转换函数有 int(x)、float(x)和 str(x)。

1.2.6 Python 的运算符与表达式

运算符是表示不同运算类型的符号。Python 的运算符和运算对象一起构成了 Python 的表达式。表达式的运算遵循运算符的优先级。

1. 算术运算符

算术运算符用于完成数学中的加、减、乘、除四则运算。Python 的基本算术运算符包括+、-、*、/、%、**、//。

2. 关系运算符

关系运算符用于两个量的比较判断。Python 的关系运算符有<、<=、>、>=、==和!=。用关系运算符将两个表达式连接起来的式子称为关系表达式。

3. 逻辑运算符

Python 的逻辑运算符有 and（逻辑与）、or（逻辑或）、not（逻辑非）。逻辑运算产生的结果是一个逻辑量，即 True 或 False。在逻辑运算符中，优先级最高的是 not，其次是 and，优先级最低的是 or。逻辑表达式是用逻辑运算符将逻辑量连接起来的式子。

4. 赋值运算符

Python 的赋值运算符用来给对象赋值。Python 中常用的赋值运算符有=、+=、-=、*=、/=、//=。

5. 运算符的优先级

优先级是指在同一表达式中多个运算符被执行的次序。在计算表达式的值时，应当按照运算符的优先级由高到低的次序执行。在表达式中，可以使用括号()显式地标明运算次序，即括号中的表达式首先被计算。

1.3　Python 程序的流程控制概要

1.3.1　输入、输出语句

1. input()函数

input()函数从控制台获得用户的一行输入，默认接收的是字符串类型数据。input()函数中可以没有参数，也可以包含一个提示信息字符串参数，用来提示用户输入的数据。

格式：

```
<变量>=input([提示信息字符串])
```

2. eval()函数

eval()函数可以去掉字符串最外侧的引号，并执行字符串的内容。

格式：

```
<变量>=eval(字符串)
```

3. print()函数

1）格式一

```
print([输出项 1,输出项 2,…][, sep=' '][,end='\n'])
```

说明：

（1）输出项可以是字符串、变量、表达式、函数调用等，多项之间用英文逗号分隔。

（2）输出多项时，sep 用于指定输出的各数据项之间的分隔符，默认是空格。

（3）end 用于指定输出项的结束符号，默认是回车换行符，即输出后光标移到下一行的行首位置。若指定 end 参数为空格等其他符号，则输出后光标不换行。

（4）没有任何参数选项时，print()的功能是光标换行。

2）格式二

```
print(<输出字符串模板>.format(表达式 1,表达式 2,…)[,end='\n'])
```

说明：

（1）输出字符串模板中用“{}”表示一个槽位置，每个槽位置对应 str.format()中的一个表达式，print()函数执行时会在槽位置输出变量的值。槽位置中可以用数字 0，1，2……依次代表 str.format()中的表达式；若槽位置中不写数字，则各表达式从左向右依次匹配。

（2）str.format()中的表达式通常是变量名。

（3）end 用于指定输出项的结束符号，默认是回车换行符。

1.3.2 程序设计流程

1. 程序流程图

程序流程图又称程序框图，用于表示程序流程控制结构，由一系列图形、流向线和文字说明等组成。程序流程图基本元素如图 1-2 所示。

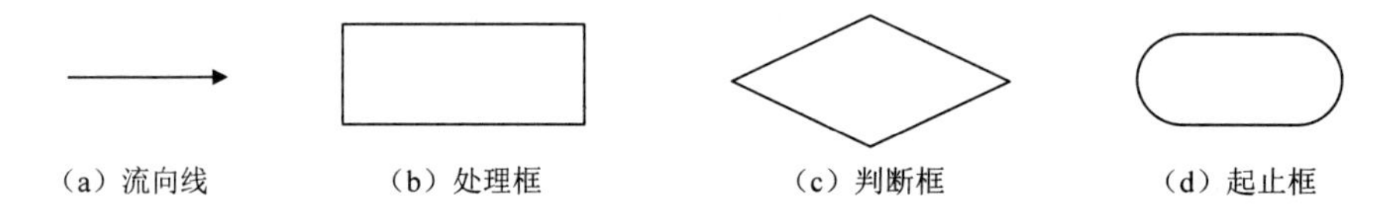

图 1-2 程序流程图基本元素

各基本元素的含义如下。

（1）流向线：表示程序的控制流，以带箭头的直线或曲线表示程序的执行路径。

（2）处理框：表示一组处理过程，对应于顺序执行的程序逻辑。

（3）判断框：表示一个判断条件，根据判断结果选择不同的执行路径。

（4）起止框：表示程序逻辑的开始或结束。

2. 结构化程序设计的基本流程

结构化程序设计包括 3 种基本结构：顺序结构、分支结构和循环结构。这 3 种结构的流程图如图 1-3 所示。

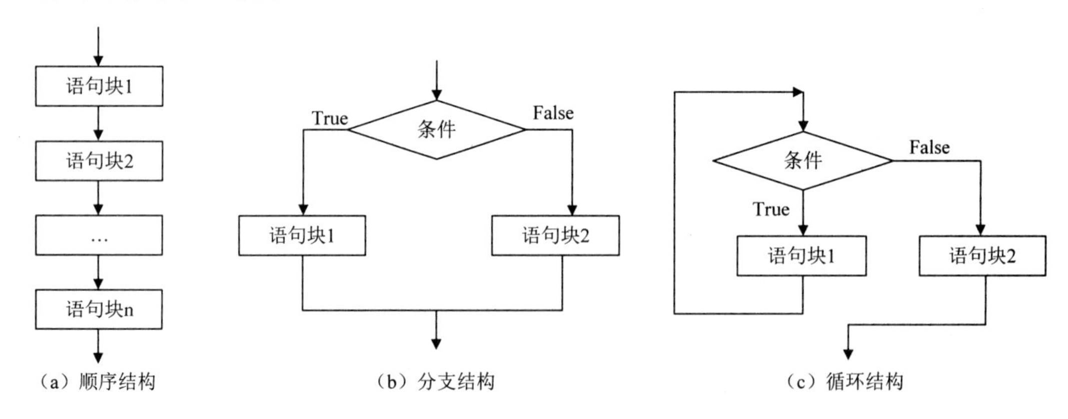

图 1-3 结构化程序设计的 3 种流程

（1）顺序结构。顺序结构是指程序按照书写顺序自上而下依次执行。

（2）分支结构。分支结构又称选择结构，是指程序根据条件判断结果选择不同的向前执行路径，分支结构中有的语句块可能会被跳过不执行。

（3）循环结构。循环结构是指当循环条件为真时反复执行某一段语句块的流程结构，当循环条件为假或者遇到循环控制语句 break 时，流程才能继续向前执行。

1.3.3　分支结构

1. 单分支结构：if

1）格式

```
if <条件表达式>:
    <语句块 1>
<语句 2>
```

2）流程

若条件表达式结果为 True（真），则执行 if 的缩进语句块 1，然后向下继续执行语句 2；若条件表达式结果为 False（假），则跳过语句块 1，直接执行语句 2。

2. 二分支结构：if-else

1）格式

```
if <条件表达式>:
    <语句块 1>
else:
    <语句块 2>
<语句 3>
```

2）流程

若条件表达式结果为 True（真），则执行 if 的缩进语句块 1，然后向下继续执行语句 3；若条件表达式结果为 False（假），则执行 else 的缩进语句块 2，然后向下继续执行语句 3。

3. 多分支结构：if-elif-else

1）格式

```
if  <条件表达式 1>:
    <语句块 1>
elif  <条件表达式 2>:
    <语句块 2>
…
else:
    <语句块 N>
<语句 N+1>
```

2）流程

若条件表达式 1 结果为 True（真），则执行 if 的缩进语句块 1，然后执行语句 N+1。若条件表达式 1 结果为 False（假），则继续判断条件表达式 2，若条件表达式 2 结果为 True（真），则执行 elif 的缩进语句块 2，然后执行语句 N+1，若条件表达式 2 结果为 False（假），则继续判断下面的 elif 分支条件表达式；……；若各分支条件表达式结果均为 False（假），则执行 else 的缩进语句块 N，然后向下继续执行语句 N+1。

4. 分支的嵌套

分支的嵌套是指在 if 语句或者 else 语句中又包含了分支结构。分支嵌套一般用于实现三分支或者更多分支。

1.3.4 循环结构

1. 遍历循环：for

1）格式

```
for <循环变量> in <遍历结构>:
    <语句块 1>
<语句 2>
```

2）流程

每循环一次，系统从遍历结构中依次取一个元素赋值给循环变量，执行一次语句块 1，直到最后一个元素赋值给循环变量，最后一次执行语句块 1 后，流程向下执行语句 2。循环次数由遍历结构中的元素个数决定。

3）说明

（1）遍历结构一般是指字符串、列表、字典、range()函数等。range()函数用于创建一个整数序列。例如，range(6)表示 0、1、2、3、4、5 共 6 个数值；range(1,6)表示 1、2、3、4、5 共 5 个数值；range(1,10,2) 表示 1、3、5、7、9 共 5 个数值。

（2）for 语句以英文冒号结尾，循环体语句要缩进。

（3）语句 2 是循环后面的语句，循环结束后执行，与 for 位于同一列，不缩进。

2. 条件循环：while

1）格式

```
while <条件表达式>:
    <语句块 1>
<语句 2>
```

2）流程

每循环一次，系统均判断条件表达式的值是否为 True（真）。当条件表达式的值为真时，反复执行语句块 1，每次执行语句块 1 后，流程都返回测试循环条件；当条件表达式的值为 False（假）时，流程跳过循环体语句块 1，直接向下执行语句 2。

3）说明

（1）while 后面的条件表达式称为循环条件，一般是关系表达式或者逻辑表达式，也可以是任意类型的表达式。系统判断循环条件真假时，以非 0 代表“真”，以 0 代表“假”。

（2）while 语句以英文冒号结尾，循环体语句要缩进。

（3）语句 2 是循环后面的语句，循环结束后执行，与 while 位于同一列，不缩进。

3. 循环的嵌套

无论是 for 还是 while，都可以在循环体中再包含 for 或者 while 循环结构，称为循环的嵌套。

4. continue 和 break

（1）continue。在循环体中遇到 continue 时，流程会结束本次循环，返回进行下一次循环。for 结构是循环变量取下一个遍历元素的值；while 结构是判断循环条件的真假。

（2）break。在循环体中遇到 break 时，流程会提前结束当前循环，执行循环后面的语句。多层循环时，break 命令使流程跳出本层循环。

5. 循环结构中的 else 语句

Python 中有一种循环格式可以使用 else 语句，即 else 语句可以与 for 或者 while 配合使用。当循环正常结束时（不是 break 结束的），可以执行 else 语句块。

1.3.5 程序的异常处理

程序在运行过程中发生错误是不可避免的，这种错误称为“异常”。Python 的异常处理机制对程序运行时出现的问题以统一的方式进行处理，增加了程序的稳定性和可读性，规范了程序的设计风格，提高了程序质量。

异常是指程序在运行过程中发生的，由硬件故障、软件设计错误、运行条件不满足等原因导致的程序错误事件。如果代码运行时发生了异常，系统将生成代表该异常的一个对象，并交由 Python 解释器寻找相应的代码来处理这一异常。

下面简单介绍处理异常的语句 try-except。

```
try:
    x1=eval(input('x1='))
    x2=eval(input('x2='))
    print(x1/x2)
except:
    print('error')
```

说明：

（1）try 语句。该语句用于指定捕获异常的范围，由 try 所限定的语句块中的语句在执行过程中可能会生成异常对象并抛出。若没有异常，则正常执行 try 语句块。

（2）except 语句。每个 try 语句块必须有一条或多条 except 语句，用于处理 try 语句块中所生成的异常。except 语句块中包含的是异常处理的代码。本例程序运行中出现异常（如 x2 输入值为 0）时会输出 error。

1.4 Python 的组合数据类型概要

1.4.1 组合数据类型简介

能够表示多个数据的类型称为组合数据类型。Python 语言中常用的组合数据类型有 3 大类，分别是序列类型、映射类型和集合类型。

1. 序列类型

序列类型是一维元素向量，元素之间存在先后关系，通过序号访问。

Python 中序列类型的典型代表是字符串类型（str）、列表类型（list）和元组类型（tuple）。字符串类型可以看作单一类型的有序组合，元素不可以改变。列表是一个可以使用多种类型元素的有序组合，元素可以改变。元组也是一个可以使用多种类型元素的有序组合，元素不可以改变。

各具体序列类型使用相同的索引体系。与字符串类型一样，列表类型和元组类型都使用正向递增序号和反向递减序号的索引体系。通过索引可以方便地查找序列中的元素。

Python 序列类型有一些通用的操作符和函数。例如，x in s、x not in s、s+t、s*n、s[i]、s[i:j]、s[i:j:k]、len(s)、min(s)、max(s)、list(x)、s.index(x[,i[,j]])和 s.count(x)。

2. 映射类型

映射类型是“键-值”数据项的组合，每个元素是一个键-值对，表示为（key，value）。键和值之间有一定关联性，即键可以映射到值。

映射类型的典型代表是字典类型（dictionary），字典中的元素没有特定的顺序。

3. 集合类型

集合类型是一个元素集合，元素之间无序且不重复。集合类型中的元素只能是固定数据类型，如整型、字符串、元组等，而列表、字典等可变数据类型不能作为集合中的数据元素。

集合可以进行交、并、差、补等运算，其含义与数学中的相应概念相同。

1.4.2　列表

列表是一种可变序列数据类型。列表将数据元素放在一对方括号“[]”之间，并使用逗号“,”作为数据元素的分隔符。一个列表中的数据元素可以是基本数据类型，也可以是组合数据类型。列表没有长度限制，不需要预定义长度。列表可以进行元素增加、删除、查找、替换等操作。当 Python 程序需要使用组合数据类型管理批量数据时，尽量使用列表类型。

1. 列表的基本操作

1）创建列表

创建一个列表常用 3 种方法。

（1）使用赋值运算符“=”将一个列表赋值给变量，即可创建列表对象。

（2）使用 list()函数进行创建，将字符串、元组、集合等类型转换为列表类型。

（3）使用列表推导式快速生成符合特定要求的且含有多个数据的列表。

2）访问列表

列表是一个有序序列，通过索引（列表元素序号）访问列表中的元素。通过切片操作可以获得列表的一个片段，即获得 0 个或多个元素。切片有以下 2 种使用方式（N 和 M 代表列表元素序号）。

（1）<列表或列表变量>[N:M]，切片获取列表中从 N 到 M（不包括 M）的元素组成新的列表。

（2）<列表或列表变量>[N:M:K]，切片获取列表中从 N 到 M（不包括 M）以 K 为步长所对应元素组成新的列表。

2. 列表的方法

列表中特有的操作符或方法用于完成列表元素的增加、删除、修改、查找等操作。列表类型的常用操作符和方法有 ls[i]=x、ls[i:j]=lst、ls[i:j:k]=lst、del ls[i:j]、ls+=lst 或 s.extend(lst)、ls*=n、ls.append(x)、ls.clear()、ls.copy()、ls.insert(i,x)、ls.pop(i)、ls.remove(x)、ls.reverse(x)和 ls.sort()，其中 ls、lst 分别为两个列表，x 是列表中的元素，i 和 j 是列表的索引。

1）修改列表元素值

修改列表元素值可以使用赋值语句。语法格式如下：

```
<列表名>[<索引>]=<值>
```

2）添加列表元素

通常对列表赋值可以添加列表元素，还可以通过列表特有的方法来添加列表元素。语法格式如下：

```
<列表名>.append(<值>)              #向列表的尾部添加列表元素
<列表名>.insert(<索引序号>,<值>)   #向列表的指定索引序号处插入列表元素
```

3）删除列表元素

可以使用列表特有的 3 种方法和 Python 保留字 del 删除列表中的元素。语法格式如下：

```
<列表名>.clear()                    #删除列表中的所有元素
<列表名>.pop(<索引序号>)             #返回并删除列表中索引序号处的元素
<列表名>.remove(<值>)               #删除列表中出现的第一个指定值的元素
del <列表名>[<索引序号体系>]         #删除列表元素或列表片段或整个列表
```

4）列表排序

通常有 2 种方法对列表元素进行排序。语法格式如下：

```
<列表名>.sort(<reverse=True>)       #列表排序，有可选项 reverse=True 代表逆序
sorted(<reverse=True>)              #列表排序，有可选项 reverse=True 代表逆序
```

二者的区别：列表对象通过自身提供的 sort()方法进行原地排序。若列表对象利用内置函数 sorted()排序，则返回新列表，并且不对原列表进行任何修改。

5）复制列表

用列表方法中的复制列表方法 copy()可以生成新列表。语法格式如下：

```
<列表名>.copy()
```

3. 遍历列表

遍历列表可以逐个处理列表中的数据元素，通常使用 for 循环和 while 循环来实现。

1.4.3 元组

1. 元组与列表的区别

元组和列表一样，都是有序序列，在很多情况下二者可以相互替换，它们的很多基本操作类似，但是也有区别。

（1）元组是不可变的序列类型。元组能够对不需要改变的数据进行写保护，使数据更安全。列表是可变的序列类型。

（2）元组是用小括号“()”定义并用逗号“,”分隔的元素，而列表中的元素包含在方括号“[]”中。但在访问元组元素时，要使用方括号“[]”实现索引或切片操作。

（3）不可以修改元组中元素的值，不可以为元组添加或删除元素，如果确实需要修改，就只能再创建一个新的元组。在列表中可以实现添加、删除或搜索元素的操作。

（4）元组中没有 append()、insert()、pop()、remove()、sort()、reverse()等与增、删、改、查有关的方法。

（5）元组可以在字典中作为关键字使用，而列表不能作为字典关键字使用。

2. 元组的基本操作

1）创建元组

创建一个元组常用以下3种方法。

（1）使用赋值运算符“=”将一个元组赋值给变量，即可创建元组对象。需要使用小括号“()”，并且用逗号“,”把小括号内每一个元组元素分隔开。

（2）使用tuple()函数进行创建，将字符串、列表、集合等类型转换为元组类型。

（3）使用生成器推导式快速生成符合特定要求的且含有多个数据的元组。

2）访问元组

元组的常用操作是索引和切片，常用操作符是“+”和“*”。元组常用函数与列表常用函数类似。

3）删除元组

删除元组的元素是不可能实现的，但是可以使用del删除整个元组。

3. 元组与列表的转换

元组和列表可以通过list()函数和tuple()函数实现相互转换。list()函数接收一个元组参数，返回一个包含同样元素的列表；tuple()函数接收一个列表参数，返回一个包含同样元素的元组。从实现效果上看，tuple()函数用于“冻结”列表，达到保护的目的；而list()函数用于“融化”元组，达到修改的目的。

1.4.4 字典

键-值对是组织数据的一种重要方式。键-值对的基本思想是将值信息关联一个键信息，通过键信息查找对应的值信息，这个过程称为映射。其中，键又称关键字，可以是Python中任意不可变数据，如数字、字符串、元组等。Python语言中，字典是唯一的映射类型。

1. 字典的定义

在Python中，字典是用大括号“{}”定义的“关键字:值”对，关键字和值用“:”分开，元素之间用“,”分隔。字典是无序的，值可以改变但关键字不可以改变，关键字相当于索引，而它对应的值就是数据。数据是根据关键字来存储的，只要找到关键字就可以找到需要的值。字典的使用方式如下：

```
{<键 1>:<值 1>,<键 2>:<值 2>,…, <键 n>:<值 n>}
```

例如：

```
dict1={"id":101,"name":"Rose","add":"ChangJiangroad"}
```

字典与序列的主要区别如下。

（1）字典中的元素是通过关键字来存取的，序列中的元素是通过索引序号来存取的。

（2）字典是无序的数据集合体，而列表和元组是有序的数据集合体。

（3）字典是可变类型，可以在原处增长或缩短，无须生成一份副本。

（4）字典是异构的，可以包括任何类型数据，如列表、元组或其他字典。

2. 字典的基本操作

1）字典的创建

创建一个字典常用以下两种方法。

（1）使用赋值运算符“=”将一个字典赋值给变量，即可创建字典对象。需要使用大括号“{}”，并且用逗号“,”把大括号内每一个字典元素分隔开。

（2）使用 dict()函数进行创建，将列表、元组等类型转换为字典类型。

2）字典的访问

Python 通过关键字来访问字典的元素，语法格式如下：

```
<值>=<字典名>[<关键字>]
```

另外，可以使用 in 运算符和 not in 运算符来判断关键字是否存在于字典中，其结果是布尔类型数据。

3）字典元素的更新

Python 可以通过关键字和赋值运算符“=”对字典的元素进行修改。语法格式如下：

```
<字典名>[<关键字>]=<值>
```

4）字典元素的添加

Python 可以通过赋值运算符“=”向字典添加元素。与更新字典元素的方法相同，字典元素添加方法的使用前提是字典中原来并不存在该键-值对。语法格式如下：

```
<字典名>[<关键字>]=<值>
```

5）字典元素的删除

通常使用以下两种方法来删除字典元素。

```
del  <字典名>[<关键字>]          #删除关键字所对应的元素
del  <字典名>                    #删除整个字典
```

3. 字典的常用函数

字典类型有一些常用的操作函数，如 len(d)、min(d)、max(d)和 dict()。

4. 字典的常用方法

Python 中字典也是对象，字典类型存在很多有用的方法。语法格式如下：

```
<字典变量>.<方法名称>(<参数>)
```

字典的常用方法有 d.keys()、d.values()、d.items()、d.get(keys,default)、d.pop(keys, default)、d.popitem()、d.clear()、d.copy()和 d.update()。

1）keys()、values()和 items()方法

以字典 d 为例具体说明如下。

（1）d.keys()方法：返回一个包含字典所有关键字的列表。

（2）d.values()方法：返回一个包含字典所有值的列表。

（3）d.items()方法：返回一个包含字典所有键-值对的元组的列表。

2）get()、pop()、clear()和 popitem()方法

以字典 d 为例具体说明如下。

（1）d.get()方法：若关键字存在则返回相应值，否则返回默认值 default。

（2）d.pop()方法：若关键字存在则返回相应值，同时删除键-值对，否则返回默认值 default。

（3）d.popitem()方法：从字典 d 中随机取出一个键-值对，以元组（key，value）形式返回，同时将该键-值对从字典中删除。

（4）d.clear()删除所有的键-值对，清空字典 d。

3）copy()和 update()方法

以字典 d 为例具体说明如下。

（1）d.copy()方法：返回一个字典的副本，新生成的字典的 id 与原字典的 id 是不同的，当修改其中一个字典对象时，对另一个字典对象没有影响。

（2）d.update()方法：可以使用一个字典来更新另一个字典，若两个字典存在相同的关键字，则键-值对会进行覆盖。

4）字典的遍历

结合 for 循环语句，可以方便地实现字典的遍历，包括遍历字典的关键字、遍历字典的值、遍历字典的元素。

1.4.5 集合

在 Python 中，集合是一个无序的、不重复的、元素可变的数据集合体。集合中的元素类型是整数、浮点数、字符串、元组等不可变数据类型，可以动态增加或删除。

类似于数学中的集合概念，可以对 Python 集合进行交、并、差、补等运算。

集合和字典都属于无序集合体，有许多操作是一致的。例如，判断元素是否在集合中存在（x in set 或 x not in set）；求集合的长度 len()、最大值 max()、最小值 min()、数值元素之和 sum()；集合的遍历 for x in set。作为一个无序的集合体，集合不记录元素位置或插入点，因此不支持索引、切片等操作。

集合类型主要用于 3 个场景：成员关系测试、元素去重和删除数据项。

1. 集合的常用操作

1）创建集合

创建一个集合常用以下两种方法。

（1）使用赋值运算符“=”将一个集合赋值给变量，即可创建集合对象。需要使用大括号“{}”，并且用逗号“,”把大括号内每一个集合元素分隔开。

（2）使用 set()函数进行创建，将字符串、列表、元组等类型转换为集合类型。

2）操作集合的方法

Python 提供了操作集合的方法，用于向集合中添加元素、从集合中删除元素或复制集合等。以集合 S 为例，其有 S.add(x)、S.clear()、S.copy()、S.pop()、S.discard(x)、S.remove(x)等操作方法。

2. 集合运算

Python 中的集合概念类似于数学中的集合概念，可以对集合进行交、并、差等运算。

集合类型的 4 种基本操作包括交集（&）、并集（|）、差集（-）、补集（^）。

集合的操作和运算有 S–T、S & T、S ^ T 和 S | T。

1.4.6 组合数据类型的应用示例

在数字时代，计算科学为各学科的计算研究和问题求解提供了新的手段和方法。问题求解是计算科学的根本目的。图 1-4 所示是计算机求解问题的基本过程，即计算机求解问题概念模型。从本质上说，程序是描述一定数据的处理过程。著名的公式：程序=数据结构+算法。

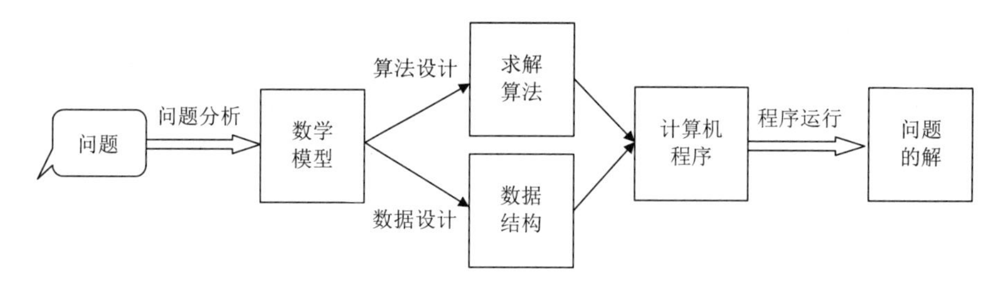

图 1-4 计算机求解问题概念模型

1. 复杂数据结构

在 Python 应用开发中，除了基本数据类型和组合数据类型之外，还经常需要使用其他数据结构，如栈、队列、树、图等。Python 本身已经提供了某些数据结构，而其他数据结构需要利用 Python 的基本数据类型和组合数据类型来构造。

例如，Python 中的列表本身就可以实现栈结构的基本操作。其中，append()方法是在列表尾部追加元素，类似于入栈操作；pop()方法返回并删除列表中的最后一个元素，类似于出栈操作，但是对空列表执行 pop()方法会抛出异常。因此，Python 中可以通过编程实现自定义栈结构。

2. 数据排序

在工作和生活中排序无处不在，许多复杂问题的求解包含排序过程，因此计算机必须有相应的算法来解决现实世界的排序问题。Python 中，数据排序既可以直接使用 sort()方法和 sorted()函数，也可以使用用户编写的排序程序。

3. 数据查找

搜索问题是许多问题的子问题，如网络搜索引擎在海量数据中找到所需要的信息。搜索问题通常称为查找或检索，是指在一个给定的数据结构中查找某个指定的元素。查找的效率将直接影响数据处理的效率。应该根据不同的数据结构使用不同的查找方法，常用的方法有顺序查找和二分查找。对无序线性表或者采用链式存储结构的有序线性表必须使用顺序查找。二分查找又称折半查找，该方法适用于顺序存储的有序表。Python 中可以通过编程解决查找问题。

4. 数据统计

数据统计应用于科学实验、检验、统计等众多领域。Python 中可以通过编程实现精准快速的查找与分类。

1.5　Python 函数概要

1.5.1　函数的基本使用

函数是为了实现一个操作而集合在一起的语句集。函数不仅可以实现代码的复用，还可以保证代码的一致性。此外，利用函数还可以将大任务分解为多个易于解决的小任务，最终完成较复杂的任务，实现程序的模块化。

1. 函数的定义

定义一个函数的语法格式如下：

```
def 函数名(参数列表):
    函数体
```

（1）函数首部。函数定义的第一行称为函数首部，用于定义函数的特征。函数名是一个标识符。在函数定义中，函数名后面括号内的参数没有值的概念，它只说明了这些参数和某种运算或操作之间的函数关系，称为形式参数，简称形参。函数也可以没有参数，但函数名后的一对圆括号必须保留。当函数有多个形参时，形参之间用逗号分隔。

（2）函数体。函数定义中的缩进部分称为函数体，它描述了函数的功能。函数体中的 return 语句用于传递函数的返回值。语法格式如下：

```
return 表达式
```

一个函数可以有多条 return 语句。若函数的 return 语句不带参数或函数体内没有 return 语句，则返回空值（None）。若 return 语句带多个参数值，则将这些值当作一个元组返回。

（3）空函数。其语法格式如下：

```
def 函数名():
    pass
```

调用此函数时执行一个空语句，即什么工作也不做。

2. 函数的调用

函数调用的一般语法格式如下：

```
函数名(实际参数表)
```

调用函数时，和形参对应的参数因为有值的概念，所以称为实际参数，简称实参。当有多个实参时，实参之间用逗号分隔。

若调用的函数是无参函数，则调用的语法格式如下：

```
函数名()
```

实参应按顺序与被调用函数的形参一一对应，而且参数类型要兼容。

3. 函数的嵌套

相较于其他语言，Python 语言支持函数的嵌套定义和函数的嵌套调用。

（1）函数的嵌套定义。函数的嵌套定义是指在函数内部定义函数，但内嵌的函数只能在该函数内部使用，闭包即应用了函数的嵌套定义。

（2）函数的嵌套调用。函数的嵌套调用是指在一个函数的内部调用其他函数的过程。嵌套调用是模块化程序设计的基础，将一个应用程序合理划分为不同的函数，有利于实现程序的模块化。

4. 递归函数

如果一个函数调用自身，就形成了函数的递归调用。递归是指在连续执行某一个处理过程时，该过程中的某一步需要用到它自身的上一步或上几步的结果。在一个程序中，如果存在程序自己调用自己的现象就构成了递归。递归是一种常用的程序设计技术。

当一个问题蕴含了递归关系且结构较为复杂时，采用递归函数可以使程序变得简洁、紧凑，能够很容易地解决一些用非递归算法很难解决的问题。但递归函数是以牺牲存储空间为代价的，因为每一次递归调用都要保存相关的参数和变量。递归函数会影响程序执行速度，因为反复调用函数会增加时间开销。所有递归问题的求解都可以用非递归算法实现，并且已经有了固定的算法。

1.5.2　函数的参数和返回值

调用带参数的函数时，调用函数和被调用函数之间有数据传递。在定义函数时，参数表中的形参在整个函数内部使用，离开该函数则不能使用。在调用函数时，参数表中提供的实参是函数调用时，主调函数为被调函数提供的原始数据。在 Python 中，变量保存的是向对象的引用，调用函数的过程就是将实参传递给形参的过程。可以通过使用不同类型的参数来调用函数，包括位置参数、关键字参数、默认值参数和可变长度参数。

1. 函数的参数

1）位置参数

函数调用时参数通常采用按照位置匹配的方式，即实参按照顺序传递给相应位置的形参。这里实参与形参的数目完全匹配。

2）关键字参数

关键字参数的形式为：

　　形参名=实参值

在函数调用中使用关键字参数是指通过形式参数的名称来指示为哪个形参传递什么值，这可以跳过某些参数或脱离参数的顺序。

3）默认值参数

默认值参数是指定义函数时假设一个默认值，若不能提供参数的值，则取默认值。默认值参数形式为：

　　形参名=默认值

4）可变长度参数

在程序设计过程中可能会遇到函数参数个数不固定的情况，这时就需要使用可变长度函数参数来实现程序功能。在 Python 中有两种可变长度参数，分别是元组（非关键字参数）和字典（关键字参数）。

（1）元组可变长度参数的表示方式是在函数参数名前面加“*”，用来接收任意多个实参，并将其放在一个元组中。

（2）字典可变长度参数。既然 Python 中允许使用关键字参数，那么其应该有一种方式实现关键字的可变长度参数，这就是字典可变长度参数，其表示方式是在函数参数名前面加“**”，可以接收任意多个实参，其形式如下：

　　关键字=实参值

在字典可变长度参数中，关键字参数和实参值参数被放入一个字典中，分别作为字典的关键字和字典的值。

2. 函数的返回值

在调用函数的过程中，可以为函数指定返回值。返回值可以是任何数据类型。return[expression]语句用于退出函数，将表达式值作为返回值传递给调用方，并返回函数被调用的位置继续执行。return 语句可以同时将一个或多个函数运算后的结果返回给函数被调用处的变量。return 语句也可以不带参数，不带参数值的 return 语句返回 None。

1.5.3 变量的作用域

在程序中，每个变量都有自己的作用范围，称为变量的作用域。作用域也可理解为一个变量的命名空间。程序中变量被赋值的位置决定了哪个范围内的对象可以访问这个变量，这个范围就是命名空间。Python 在给变量赋值时生成了变量名，变量的作用域也就确定了。根据作用域不同，变量分为局部变量和全局变量。

1. 局部变量

在一个函数体内或语句块内定义的变量称为局部变量。局部变量只在定义它的函数体内或语句块内有效，即只能在定义它的函数体或语句块的内部使用，而在定义它的函数体或语句块之外不能使用它。

2. 全局变量

全局变量是在函数外定义的变量，它拥有全局变量的作用域。全局变量可作用于程序中的多个函数，但在通常意义上，全局变量在各函数内部只可以访问（只读），其使用是受限的。

全局变量不需要在函数内定义，可以在函数内部直接读取。当在函数内部给变量赋值时，该变量将被 Python 视为局部变量。若在函数中先访问全局变量，再在函数内声明与全局变量同名的局部变量的值，则程序会报告异常。为了能够在函数内部读写全局变量，Python 提供了 global 语句，用于在函数内声明全局变量。

1.5.4 lambda 函数

在 Python 中，可以使用 lambda 关键字在同一行内定义函数，因为不用指定函数名，所以这个函数称为匿名函数，也称为 lambda 函数。

1. 匿名函数的定义

匿名函数的定义格式如下：

```
lambda [参数 1[,参数 2,…,参数 n]]:表达式
```

关键字 lambda 表示匿名函数，冒号前面是函数参数，可以有多个，但只有一个返

回值，因此匿名函数只有一个表达式，返回值就是该表达式的结果。匿名函数不能包含语句或多个表达式，因此不用写 return 语句。

2. 匿名函数的调用

匿名函数也是一个函数对象，因此可以把匿名函数赋值给一个变量，再利用变量来调用该函数。例如，匿名函数有如下程序代码：

```
>>> f=lambda x,y:x+y
>>> f(5,10)
15
```

3. 把匿名函数作为函数的返回值

可以把匿名函数作为普通函数的返回值返回。例如，匿名函数有如下程序代码：

```
def fun():
    return lambda x,y:x*x+y*y
fx=fun()
print(fx(3,4))
```

程序输出结果如下：

```
25
```

4. 把匿名函数作为序列或字典的元素

可以将匿名函数作为序列或字典的元素。以列表为例，一般格式如下：

```
列表名=[匿名函数 1,匿名函数 2,…,匿名函数 n]
```

这时可以以序列元素引用或字典元素引用作为匿名函数参数来调用匿名函数，一般格式如下：

```
列表或字典元素引用(匿名函数实参)
```

1.5.5 Python 的内置函数

1. 数学运算函数

常用的与数学运算相关的 Python 内置函数见表 1-1。

表 1-1　常用的数学运算函数

函数名	功能说明	示例
abs(x)	求绝对值，参数可以是整型，也可以是复数，若参数是复数，则返回复数的模	abs(−2) 结果：2

续表

函数名	功能说明	示例
divmod(a, b)	分别取商和余数，参数可以是整型、浮点型	divmod(5,3) 结果：(1, 2) divomod(5.5,3.5) 结果：(1.0, 2.0)
max(iterable[,arg1,arg2,…][,key])	返回集合中的最大值，key 表示运算规则	max(1,5,-1,-8,4) 结果：5 max(1,5,-1,-8,4,key=abs) 结果：8
min(iterable[, arg1,arg2,...][,key])	返回集合中的最小值，key 表示运算规则	min(1,5,-1,8,4) 结果：-1
pow(x, y[, z])	返回 x 的 y 次幂，若有 z 则返回 pow(x,y)%z	pow(2,3) 结果：8 pow(2,3,5) 结果：3
round(x[, n])	四舍五入	round(1.458778,2) 结果：1.46
sum(iterable[, start])	对集合求和	sum((1,2,3,4),-3) 结果：7
oct(x)	将一个数字转化为八进制数	oct(8) 结果：'0o10'
hex(x)	将整数 x 转换为十六进制字符串	hex(23) 结果：'0x17'
chr(i)	返回整数 i 对应的 ASCII 字符	chr(98) 结果：'b'
bin(x)	将整数 x 转换为二进制字符串	bin(19) 结果：'0b10011'

2. 字符串运算函数

Python 提供了一些针对字符串处理的内置函数，见表 1-2。

表 1-2 字符串处理函数

函数名	功能说明
len(x)	返回字符串 x 的长度，也可返回组合数据类型的元素个数
str(x)	返回任意类型 x 对应的字符串形式
chr(x)	返回 Unicode 编码 x 对应的单字符
ord(x)	返回 x 单字符表示的 Unicode 编码

3. 转换函数

转换函数主要用于不同类型数据之间的转换，常用的内置转换函数见表 1-3。

表 1-3　常用的内置转换函数

函数名	功能说明	示例
bool([x])	将 x 转换为布尔类型，非 0 即为 True，0 为 False	bool(5) 结果：True bool(0) 结果：False
complex([real[, imag]])	创建一个复数	complex(1,5) 结果：(1+5j) complex("1+5j") 结果：(1+5j)
int([x[, base]])	将一个字符转换为 int 类型，base 表示进制，x 可以是数字或字符串，默认情况下按照十进制处理，但 base 被赋值后 x 只能是字符串。x 作为字符串时必须是 base 类型	int('111') 结果：111 int('111',base=2) 结果：7 int('111',base=8) 结果：73 int('111',base=16) 结果：273
float([x])	将一个字符串或数转换为浮点数。若无参数，则返回 0.0	float('15') 结果：15.0

4. 序列操作函数

序列作为一种重要的数据结构，包括字符串、列表、元组等。常用的序列操作函数见表 1-4。

表 1-4　常用的序列操作函数

函数名	功能说明
all(iterable)	集合中的元素都为真的时候为真；若为空串，则返回 True
any(iterable)	集合中的元素有一个为真的时候为真；若为空串，则返回 False
range([start], stop[, step])	产生一个序列，默认从 0 开始
map(function, iterable, ...)	遍历每个元素，执行 function 操作，生成新的可迭代对象
filter（function,iterable）	使用指定方法过滤可迭代对象的元素
reduce(function, iterable[, initializer])	合并操作，前两个元素合并运算的结果与第三个元素进行合并运算，以此类推
zip(iter1[,iter2, ...])	聚合传入的每个迭代器中相同位置的元素，返回一个新的元组类型迭代器
sorted(iterable[, cmp[, key[, reverse]]])	对迭代对象进行排序，返回一个新的列表
reversed(seq)	返回序列 seq 的反向访问的迭代器。参数可以是列表、元组、字符串，不改变原对象

序列操作相对复杂，下面分类介绍各种函数。

1）all()函数和 any()函数

all()函数一般针对组合数据类型，若其中每个元素都是 True，则返回 True，否则返回 False。需要注意的是，整数 0、空字符串、空列表等都视为 False。any()函数与 all()函数相反，只要组合数据类型中有任何一个元素是 True，就返回 True，当全部元素都是 False 时返回 False。

2）range()函数

range()函数用于创建一个整数列表，用于 for 循环中。其语法格式如下：

```
range([start], stop[, step])
```

其中，start 表示计数开始，默认为 0；end 表示计数结束（不包括 end）；step 表示步长，默认为 1。

3）map()函数

map()函数用于将指定序列中的所有元素作为参数调用指定函数，并将结果构成一个新的序列返回。其语法格式如下：

```
map(function, iterable,…)
```

map()函数的参数可以有多个序列，序列个数由映射函数 function()的参数个数决定。简单地说，map()函数根据指定映射函数对多个参数序列进行运算，形成新的序列。map()函数的返回值是迭代器对象 map，通过 list()函数可以将其转换为列表对象以方便显示。

4）filter()函数

filter()函数用于对指定序列执行过滤操作。其语法格式如下：

```
filter (function,iterable)
```

其中，第一个参数 function 是用于过滤序列的函数名称，该函数只能接收一个参数，而且该函数的返回值为布尔值；第二个参数是列表、元组或字符串等序列类型。

filter()函数的作用是将序列参数中的每个元素分别调用 function()函数，返回执行结果为 True 的元素。

5）reduce()函数

reduce()函数用于将指定序列中的所有元素作为参数，并按一定的规则调用指定函数。其语法格式如下：

```
reduce(function, iterable[, initializer])
```

其中，function 是映射函数，必须有两个参数。reduce()函数首先以序列的第 1 个元素和第 2 个元素作为参数调用映射函数，然后将返回结果与序列的第 3 个元素作为参数调用映射函数，以此类推，直至应用到序列的最后一个元素，将计算结果作为 reduce()函数的返回结果。

需要说明的是，从 Python 3.0 以后，reduce()函数不属于 Python 的内置函数，需要从 functools 模块中导入后才能调用。

6）zip()函数

zip()函数以序列作为参数，将序列中的元素打包成多个元组，并返回由这些元组组成的列表。其语法格式如下。

```
zip(iter1[,iter2,…])
```

7）reversed()函数和 sorted()函数

reversed()函数用于反转序列，生成新的可迭代对象；sorted()函数用于对可迭代对象进行排序，返回一个新的列表。

1.6　模块与 Python 的库概要

1.6.1　模块

1. 模块的概念

模块是一个包含变量、语句、函数或类定义的程序文件（扩展名为.py），因此用户编写程序文件的过程就是编写模块的过程。一个模块可以包含若干个函数或类定义，更强调应用程序的调用。

模块分为标准库模块和用户自定义模块。

1）标准库模块

标准库模块是指 Python 自带的许多实用的模块，又称标准链接库。

2）用户自定义模块

用户自定义模块是指用户自己创建一个 Python 程序文件。

2. 导入模块

一个 Python 程序文件可以通过导入一个模块来读取这个模块的内容。模块可由两个语句和一个重要的内置函数进行处理。

1）import 语句

import 语句的作用是使一个 Python 程序以一个整体获取一个模块。其语法格式如下：

```
import 模块名 1 [as 模块别名 1] [,模块名 2 [as 模块别名 2],…]
```

2）from 语句

from 语句的作用是使一个 Python 程序从一个模块中获取特定的对象。其语法格式如下：

```
from 模块名 import 项目名 1[,项目名 2[,…]]
```

from 语句用于导入模块中的指定对象。导入的对象可以直接使用，不需要通过加模块名作为限制。

3）reload()函数重载模块

模块程序代码默认对每个过程只执行一次。如果强制模块代码重新加载并运行，就要调用 reload()函数。注意，在重载之前，该模块一定是预先成功导入了。

在 Python 3.0 中，reload()函数已经移入了 imp 标准库模块中，需要一条 import 语句或 from 语句加载该模块文件。

```
>>> import module1
from the module1.py
>>> import imp
>>>reload(module1)
from the module1.py
```

3. 执行模块

在 Python 中，导入的实质是运行时的运算，程序第一次导入指定文件时执行如下 3 个步骤。

（1）找到模块文件。

（2）编译成字节码（需要时）。

（3）执行模块的代码来创建其所定义的对象。

这 3 个步骤只在程序第一次执行模块导入时才会进行。Python 可以把加载的模块存储到一个名为 sys.modules 的字典中，并在导入操作开始的检查该表；如果模块不存在，就会执行下列 3 个步骤。

（1）搜索。Python 必须查找到 import 语句所引用的模块文件。类似 import math 写法刻意省略了路径，Python 会使用标准模块搜索路径来查找 import 语句所对应的模块文件。

（2）编译。在遍历模块搜索路径并找到符合 import 语句的源代码文件后，如果有必要的话，Python 接下来就会将其编译成字节码。

Python 可以检查文件的时间戳。如果发现字节码文件更新时间比原文件旧，就会在程序运行时自动重新生成字节码文件；如果发现字节码文件（.pyc）更新时间比对应的源代码文件（.py）新，就会跳过源代码直接到字节码的编译步骤。若只发现了字节码文件而没有源代码文件，则直接加载字节码文件。

（3）运行。Python 依次执行文件中的所有语句。任何对变量名的赋值运算，都会使所得到的模块文件产生属性。

4. 模块搜索路径

导入模块过程最重要的部分是定位要导入的文件。在大多数情况下，可以依赖模块导入搜索路径的自动特性，完全不需要配置这些路径。如果需要通过在用户间定义目录边界来导入文件，就需要了解搜索路径的运作方式，并对其进行调整。

Python 的模块搜索路径由以下 4 个目录决定。其中，有些组件进行了预定义，而有些组件可以进行调整以告知 Python 去哪里搜索。

（1）程序的主目录。

（2）操作系统的环境变量 PYTHONPATH 目录（如果已经进行了设置）。

（3）标准链接库目录。

（4）任何.pth 文件包含的目录内容。

搜索路径的（1）和（3）是自定义的，（2）和（4）可用于拓展路径，从而包含用户所需的源代码目录。

1.6.2　Python 的标准库

Python 自带一些标准模块库，它随 Python 解释器一起安装在系统中。

1. builtins 库

builtins 库在启动 Python 解释器时自动装入内存，库中的函数不需要通过 import 语句预先导入，包含在 builtins 库中的、可以直接使用的函数称为内置函数。builtins 库中常用的函数见表 1-5。

表 1-5　builtins 库中的常用函数

函数名	功能说明	示例
input([prompt])	prompt 是任意字符，接收一个标准输入数据，返回为字符串类型	>>> input('请输入姓名：') 请输入姓名：zhang 'zhang'
print(*objects, sep='', end='\n')	用于打印输出	>>> print('163','com',sep='.',end='…') #结束符默认是换行符 163.com...

id(obj)	获得对象的内存地址	>>> a = 100
		>>> id(a)
		1365892832

abs(x)	返回参数的绝对值	>>> abs(-3) 3
divmod(x,y)	返回一个包含商和余数的元组	>>> divmod(10,3) (3,1)
max(x,y,z,⋯)	返回所有参数或可迭代对象元素中的最大值	>>> max(1,2,3,4,-10) 4
min(x,y,z,⋯)	返回所有参数或可迭代对象元素中的最小值	>>> min([3,5,2,1]) 1
pow(x,y)	返回两个参数的幂运算值	>>> pow(2,3) 8
round(x,y)	返回浮点数的四舍五入值	>>> round(123.456,2) 123.46

续表

函数名	功能说明	示例
sum(x,y,z,…)	对元素类型是数值的可迭代对象求和	>>> sum([1,2,3,4]) 10
bool()	返回一个布尔值	>>> bool() False
int(x)	返回一个整数	>>> int('7') 7
float(x)	返回一个浮点数	>>> float(3) 3.0
complex(x)	返回一个复数	>>> complex(3.0) (3+0j)

str(x)	返回一个对象的字符串表现形式	>>> str(7)
		'7'
		>>> str([1,2,3])
		'123'

ord(str)	返回 Unicode 字符对应的整数	>>> ord('a') 97
chr(int)	返回整数对应的 Unicode 字符	>>> chr(97) a
bin(int)	将整数转换为二进制字符串	>>> bin(7) '0b111'
oct(int)	将整数转换为八进制字符串	>>> oct(7) '0o7'
hex(int)	将整数转换为十六进制字符串	>>> hex(12) '0xc'
eval(x)	函数用来执行一个字符串表达式，返回表达式的值	>>> eval('3+4') 7
list(x)	将元组或字符串转换为列表，返回列表	>>> list('abc') ['a','b','c']
tuple(x)	将列表或字符串转换为元组，返回元组	>>> tuple([1,2,3]) (1,2,3)

dict(x)	将一组元素的集合体转换为字典	>>> dict((('name','zhang'),('age',25)))
		{'name': 'zhang', 'age': 25}
		>>> dict(name='wang',age=25)
		{'name': 'wang', 'age': 25}

set(x)	创建一个无序、不重复的集合	>>> set([1,2,3,3,4]) {1,2,3,4}
sorted(iterable,key=None, reverse=False)	返回对可迭代对象中元素进行排序后的列表	>>>ls=[2,6,3,0] >>> sorted(ls,reverse=True) [6, 3, 2, 0]
range(start,stop[, step])	返回可迭代对象	>>> list(range(3,10,3))　#步长为 3 [3, 6, 9]

续表

函数名	功能说明	示例
reversed(seq)	反转序列生成新的可迭代对象	>>> list(reversed([1,2,3])) #列表反转 [3, 2, 1]
map()	使用指定方法处理传入的每个可迭代对象的元素，生成新的可迭代对象	略
filter()	使用指定方法过滤可迭代对象的元素	略
reduce()	使用指定方法累积可迭代对象的元素	略
zip()	聚合传入的每个迭代器中相同位置的元素，返回一个新的元组类型迭代器	略

2. math 库

math 库是 Python 提供的内置数学类函数库，不支持复数类型。math 库一共提供了 4 个数学常数和 44 个函数。其中，44 个函数又分为 4 类，包括 16 个数值表示函数、8 个幂对数函数、16 个三角对数函数和 4 个高等特殊函数。math 库中的部分函数和常量见表 1-6。

表 1-6　math 库中的部分函数和常量

函数名	功能说明	示例
math.e	自然常数 e	>>> math.e 2.718281828459045
math.pi	圆周率 pi	>>> math.pi 3.141592653589793
math.degrees(x)	弧度转度	>>> math.degrees(math.pi) 180.0
math.radians(x)	度转弧度	>>> math.radians(45) 0.7853981633974483
math.exp(x)	返回 e 的 x 次方	>>> math.exp(2) 7.38905609893065
math.expm1(x)	返回 e 的 x 次方减 1	>>> math.expm1(2) 6.38905609893065

math.log(x[, base])	返回 x 的以 base 为底的对数，base 默认为 e	>>> math.log(math.e)
		1.0
		>>> math.log(2, 10)
		0.30102999566398114

math.log10(x)	返回 x 的以 10 为底的对数	>>> math.log10(2) 0.30102999566398114
math.log1p(x)	返回 1+x 的自然对数（以 e 为底）	>>> math.log1p(math.e−1) 1.0
math.pow(x, y)	返回 x 的 y 次方	>>> math.pow(5,3) 125.0

续表

函数名	功能说明	示例
math.sqrt(x)	返回 x 的平方根	>>> math.sqrt(3) 1.7320508075688772
math.ceil(x)	返回不小于 x 的整数	>>> math.ceil(5.2) 6.0
math.floor(x)	返回不大于 x 的整数	>>> math.floor(5.8) 5.0
math.trunc(x)	返回 x 的整数部分	>>> math.trunc(5.8) 5
math.modf(x)	返回 x 的小数和整数	>>> math.modf(5.2) (0.20000000000000018, 5.0)
math.fabs(x)	返回 x 的绝对值	>>> math.fabs(−5) 5.0
math.fmod(x, y)	返回 x%y（取余）	>>> math.fmod(5,2) 1.0
math.factorial(x)	返回 x 的阶乘	>>> math.factorial(5) 120

math.isinf(x)	若 x 为无穷大，则返回 True；否则返回 False	>>> math.isinf(1.0e+308)
		False
		>>> math.isinf(1.0e+309)
		True

math.isnan(x)	若 x 不是数字，则返回 True；否则返回 False	>>> math.isnan(1.2e3) False
math.hypot(x, y)	返回以 x 和 y 为直角边的斜边长	>>> math.hypot(3,4) 5.0
math.copysign(x, y)	若 y<0，则返回−1 乘以 x 的绝对值；否则返回 x 的绝对值	>>> math.copysign(5.2, −1) −5.2
math.frexp(x)	返回 m 和 i，满足 m 乘以 2 的 i 次方	>>> math.frexp(3) (0.75, 2)
math.ldexp(m, i)	返回 m 乘以 2 的 i 次方	>>> math.ldexp(0.75, 2) 3.0

3. random 库

random 库是用于产生并使用随机数的标准库，其常用函数见表 1-7。

表 1-7 random 库中的常用函数

函数名	功能说明	示例
seed(a)	设置初始化随机种子 a，a 取整数或浮点数。若不设置，则默认以系统时间为随机种子	略
random()	生成一个[0.0,1.0)之间的随机小数	>>> random.random() 0.688738405396289
randint(a,b)	a、b 取整数。生成一个[a,b]之间的随机整数	>>>random.randint(1,10) 2

续表

函数名	功能说明	示例
randrange(start,stop[,step])	生成一个[start,stop)之间的以 step 为步数的随机整数	>>> random.randrange(1,10,2) 5
uniform(a,b)	a、b 取整数或浮点数，生成一个[a,b]之间的随机小数	>>> random.uniform(10,20) 13.0339521967065
choice(seq)	seq 取序列类型，如字符串、列表和元组，从序列类型 seq 中随机返回一个元素	>>> random.choice(['a','b','c','d']) 'b'

shuffle(seq)	seq 取可变序列类型，如列表，将可变序列类型中的元素随机排序，返回打乱顺序后的序列	>>>ls = [1,2,3,4]
		>>> random.shuffle(ls)
		>>> ls
		[4, 2, 3, 1]

sample(pop,k)	pop 取序列类型，k 取整数，从 pop 类型中随机选取 k 个元素，以列表类型返回	>>> st = 'apple'
		>>> random.sample(st,3)
		['a', 'p', 'e']

4. datetime 库

Python 提供的 datetime 库、time 库和 calendar 库可用于处理日期和时间，其中，datatime 库重新封装了 time 库，是 Python 语言中较为常用的日期和时间模块。datetime 库以类的方式处理日期和时间见表 1-8。

表 1-8　datetime 库中的类

类名称	功能说明
date	日期对象，常用属性有 year、month、day
time	时间对象，常用属性有 hour、minute、second、microsecond
datetime	日期时间对象，常用属性有 hour、minute、second、microsecond
timedelta	时间间隔，即两个时间点之间的长度
tzinfo	时区信息对象，由 datetime 类和 time 类使用

datetime 类其实可看作 date 类和 time 类的合体，其大部分方法和属性继承自这两个类。

datetime 库中 datetime 类的方法和属性见表 1-9。

表 1-9　datetime 类的方法和属性

方法/属性	功能说明
datetime.today()	返回一个表示当前本地时间的 datetime 对象
datetime.now([tz])	返回一个表示当前本地时间的 datetime 对象，若提供了参数 tz，则获取 tz 参数所指时区的本地时间
datetime.utcnow()	返回一个当前 utc 时间的 datetime 对象；#格林尼治时间
datetime.fromtimestamp(timestamp[, tz])	根据时间戳创建一个 datetime 对象，参数 tz 指定时区信息
datetime.utcfromtimestamp(timestamp)	根据时间戳创建一个 datetime 对象
datetime.combine(date, time)	根据 date 和 time 创建一个 datetime 对象
datetime.strptime(date_string, format)	将格式字符串转换为 datetime 对象

5. turtle 库

turtle 库是 Python 语言中一个很流行的绘制图像的函数库。想象一个小乌龟，在一个横轴为 x、纵轴为 y 的坐标系原点(0,0)位置开始，它在一组函数指令的控制下，从(0,0)位置开始在这个平面坐标系中移动，在它爬行的路径上绘制了图形。

1）画布（canvas）

画布就是 turtle 为用户展开的绘图区域，用户可以设置它的大小和初始位置。

设置画布大小。其语法格式如下：

```
turtle.screensize(canvwidth=None,canvheight=None,bg=None)
```

其中，参数分别为画布的宽（单位像素）、高、背景颜色。若参数缺省 turtle.screensize()，则默认画布大小为(400,300)。

```
turtle.setup(width=0.5,height=0.75,startx=None,starty=None)
```

其中，参数 width、height 的值为整数时，表示像素；为小数时，表示占据计算机屏幕的比例。参数 startx、starty 这一坐标表示矩形窗口左上角顶点的位置，若为空，则窗口位于屏幕中心。

2）画笔

画笔的属性包括画笔的颜色、画线的宽度和画笔移动的速度等。

（1）turtle.pensize()：设置画线的宽度。

（2）turtle.pencolor()：没有参数传入，返回当前画笔颜色，传入参数设置画笔颜色。

（3）turtle.speed(speed)：设置画笔移动速度，画笔绘制速度的取值是[0,10]区间内的整数。数字越大，画笔移动速度越快。

3）绘图函数

Python 中，能够实现操纵小乌龟绘图的函数较多。这些绘图函数可分为 3 种：画笔运动函数、画笔控制函数和全局控制函数。

（1）画笔运动函数见表 1-10。

表 1-10　画笔运动函数

函数名	功能说明
turtle.forward(distance)	向当前画笔方向移动 distance 像素长度
turtle.backward(distance)	向当前画笔相反方向移动 distance 像素长度
turtle.right(degree)	顺时针移动 degree 度
turtle.left(degree)	逆时针移动 degree 度
turtle.pendown()	移动时绘制图形，缺省时也为绘制
turtle.goto(x,y)	将画笔移动到坐标为(x,y)的位置
turtle.penup()	提起笔移动，不绘制图形，用于另起一个地方绘制
turtle.circle()	画圆，半径为正（负），表示圆心在画笔的左边（右边）画圆
turtle.setx()	将当前 x 轴移动到指定位置

续表

函数名	功能说明
turtle.sety()	将当前 y 轴移动到指定位置
turtle.setheading(angle)	设置当前朝向为 angle 角度
turtle.home()	设置当前画笔位置为原点，朝向东
turtle.dot(r)	绘制一个指定直径和颜色的圆点

turtle.circle 是 turtle 绘制图形的重要函数，其语法格式如下：

```
turtle.circle(radius,extent=None,steps=None)
```

其中，radius 表示半径，半径为正（负），表示圆心在画笔的左边（右边）画圆；extent 表示弧度；steps 表示作半径为 radius 的圆的内切正多边形，多边形边数为 steps。

（2）画笔控制函数见表 1-11。

表 1-11　画笔控制函数

函数名	功能说明
turtle.fillcolor(colorstring)	绘制图形的填充颜色
turtle.color(color1, color2)	同时设置 pencolor=color1，fillcolor=color2
turtle.filling()	返回当前是否在填充状态
turtle.begin_fill()	准备开始填充图形
turtle.end_fill()	填充完成
turtle.hideturtle()	隐藏画笔的 turtle 形状
turtle.showturtle()	显示画笔的 turtle 形状

（3）全局控制函数见表 1-12。

表 1-12　全局控制函数

函数名	功能说明
turtle.clear()	清空 turtle 窗口，但 turtle 的位置和状态不会改变
turtle.reset()	清空窗口，重置 turtle 状态为起始状态
turtle.undo()	撤销上一个 turtle 动作
turtle.isvisible()	返回当前 turtle 是否可见
turtle.stamp()	复制当前图形
turtle.write(s[,font=("font-name",font_size,"font_type")])	写文本，s 为文本内容，font 是字体参数，分别为字体名称、字体大小和字体类型；font 为可选项
turtle.done()	启动事件循环，必须是绘制图形程序中的最后一个语句

1.6.3 Python 的第三方库

1. 第三方库概述

Python 语言有标准库和第三方库两类库。其中，标准库随 Python 安装包一起发布，用户可以直接使用；第三方库只有在安装后才能使用。

2. 第三方库安装

Python 第三方库有 3 种安装方式，分别是 pip 工具安装、自定义安装和文件安装。

1）pip 工具安装

pip 是 Python 官方提供并维护的第三方库在线安装工具。建议采用 pip3 命令专门为 Python 3 版本安装第三方库。

pip3 是 Python 的内置命令，可以在操作系统的命令窗口中执行“pip3 –h”命令，列出 pip3 常用的子命令。注意，不要在 IDLE 环境下运行 pip3 命令。

pip3 支持安装（install）、下载（download）、卸载（uninstall）、列表（list）、查看（show）和查找（search）等一系列安装和维护子命令。

（1）安装一个第三方库的命令格式如下：

```
pip3 install <拟安装库名>
```

（2）卸载一个第三方库的命令格式如下：

```
pip3 uninstall <拟卸载库名>
```

（3）显示当前系统中已经安装的第三方库的命令格式如下：

```
pip3 list
```

（4）下载第三方库的命令格式如下：

```
pip3 download <拟下载库名>
```

pip3 的 download 子命令只下载第三方库的安装包，但并不安装。

pip 工具安装是 Python 第三方库最主要的安装方式。pip 工具与操作系统有关，在 MAC OS X 和 Linux 等操作系统中，pip 工具可以安装 Python 的大多数第三方库。在 Windows 操作系统中，一些第三方库仍然需要用其他方式安装。

2）自定义安装

自定义安装是指按照第三方库提供的步骤和方式安装。第三方库都有主页，用于维护库的代码和文档。找到第三方库的官方主页，按照具体提示步骤安装。

自定义安装一般适用于 pip 中尚无登记或安装失败的第三方库。

3）文件安装

Python 某些第三方库仅提供源代码，通过 pip 下载文件后无法在 Windows 操作系统中编译安装，导致第三方库安装失败，在 Windows 平台下所遇到的无法安装第三方库的问题大多属于这类。

为了解决这类第三方库的安装问题，美国加州大学尔湾分校提供了一个页面，帮助 Python 用户获得 Windows 操作系统可以直接安装的第三方库文件，链接地址如下：

http://www.lfd.uci.edu/~gohlke/pythonlibs/

该地址列出了一批在 pip 安装中可能出现问题的第三方库。

1.6.4 PyInstaller 库的应用

PyInstaller 是一个将 Python 语言脚本（.py 文件）打包成可执行文件的第三方库，可用于 Windows、Linux、Mac OS X 等操作系统。

1. PyInstaller 库概述

PyInstaller 是一个十分有用的第三方库，它能够在 Windows、Linux、Mac OS X 等操作系统下将 Python 源文件打包。通过对源文件打包，Python 程序可以在未安装 Python 的环境下运行，也可以作为一个独立文件进行传递和管理。

PyInstaller 库需要使用 pip 工具安装。安装后，PyInstaller 库会自动将 PyInstaller 命令安装到 Python 解释器的目录中，路径与 pip 命令或 pip3 命令相同，因此可以直接使用。

2. PyInstaller 参数的使用

PyInstaller 命令中的一些常用参数见表 1-13。

表 1-13　PyInstaller 命令的常用参数

参数名	功能说明
-h	查看帮助
--clean	清除打包过程中生成的临时目录：_pychache_、build
-D	生成包含可执行文件的文件夹，而不是单个可执行文件
-F	生成单个可执行文件
-i <图标文件.ico>	指定打包程序使用的图标（icon）文件
-p DIR	添加 Python 源文件使用的第三方库路径

PyInstaller 命令不需要在 Python 源文件中增加代码，只需通过命令行进行打包即可。

1.6.5 jieba 库的应用

jieba 库是应用于中文单词拆分的第三方库，具有分词、添加用户词典、提取关键词和词性标注等功能。

1. jieba库概述

jieba库的分词原理是利用一个中文词库，将待分词的内容与分词词库进行比对，通过图结构和动态规划方法找到最大概率的词组。

jieba库支持以下3种分词模式：

（1）精准模式：将句子最精确地分开，适合文本分析。

（2）全模式：将句子中所有的可以分词的词语扫描出来，速度很快，但不能消除歧义。

（3）搜索引擎模式：在精准模式的基础上，对长词再次切分，提高召回率，适用于搜索引擎分词。

2. jieba库的分词函数

jieba库主要提供分词功能，可以辅助自定义分词词典。jieba库中包含的主要函数见表1-14。

表1-14 jieba库常用的分词函数

函数名	功能说明
jieba.cut(s)	精准模式，返回一个可迭代的数据类型
jieba.cut(s,cut_all=True)	全模式，输出文本s中所有可能的单词
jieba.cut_for_search(s)	搜索引擎模式，适合搜索引擎建立索引的分词结果
jieba.lcut(s)	精准模式，返回一个列表类型
jieba.lcut(s,cut_all=True)	全模式，返回一个列表类型
jieba.cut_for_search(s)	搜索引擎模式，返回一个列表类型
jieba.add_word(w)	向分词词典中增加新词w

jieba库还有更丰富的分词功能，涉及自然语言处理领域。

1.6.6 wordcloud库的应用

wordcloud库是Python中非常优秀的词云展示第三方库。在利用Python做数据分析时，常常会用到词云wordcloud这一第三方库来对数据进行可视化分析。

1. wordcloud库概述

wordcloud库以词语为基本单位，更加直观和艺术地展示文本。wordcloud库把词云当作一个wordcloud对象，wordcloud.WordCloud()代表一个文本对应的词云，可以根据文本中词语出现的频率等参数绘制词云，词云的形状、尺寸和颜色均可设定，以wordcloud对象为基础，配置参数、加载文本、输出文件。

在wordcloud作为对象时，要注意字母的大小写。

生成一个漂亮的词云文件只要以下 3 个步骤就可以完成。

（1）配置对象参数。

（2）加载词云文本。

（3）输出词云文件（默认的图片大小为 400×200）。

2. wordcloud 库的使用

1）wordcloud 库的常规方法

wordcloud 库的常规方法如下：

```
w=wordcloud.WordCloud()
```

wordcloud 库的常规方法见表 1-15。

表 1-15　wordcloud 库的常规方法

方法	描述示例
w.generate()	向 wordcloud 对象中加载文本 txt >>>w.generate("Python and WordCloud")
w.to_file(filename)	将词云输出为图像文件（.png 或.jpg 格式） >>>w.to_file("outfile.png")

2）配置对象参数

配置对象参数的命令格式如下：

```
w = wordcloud.WordCloud(<参数>)
```

wordcloud 库常用的配置对象参数见表 1-16。

表 1-16　wordcloud 库常用的配置对象参数

参数	描述示例
width	指定词云对象生成图片的宽度，默认为 400 像素 w=wordcloud.WordCloud(width=600)
height	指定词云对象生成图片的高度，默认为 200 像素 w=wordcloud.WordCloud(height=400)
min_font_size	指定词云中字体的最小字号，默认为 4 号 w=wordcloud.WordCloud(min_font_size=10)
max_font_size	指定词云中字体的最大字号，根据高度自动调节 w=wordcloud.WordCloud(max_font_size=20)
font_step	指定词云中字体字号的步进间隔，默认为 1 w=wordcloud.WordCloud(font_step=2)
font_path	指定字体文件的路径，默认为 None w=wordcloud.WordCloud(font_path="msyh.ttc")
max_words	指定词云显示的最大单词数量，默认为 200 个 w=wordcloud.WordCloud(max_words=20)
stop_words	指定词云的排除词列表，即不显示的单词列表 w=wordcloud.WordCloud(stop_words="Python")

续表

参数	描述示例
mask	指定词云形状，默认为长方形，需要引用 imread()函数 from scipy.msc import imread mk=imread("pic.png") w=wordcloud.WordCloud(mask=mk)
background_color	指定词云图片的背景颜色，默认为黑色 w=wordcloud.WordCloud(background_color="white")

1.7 Python 的文件操作概要

文件是存储在外部介质（磁盘）上的用文件名标识的数据集合。如果想访问存储在外部介质上的数据，就必须先按文件名找到所指定的文件，然后从该文件中读取数据。如果要向外部介质存储数据，那么必须先建立一个文件（以文件名标识），然后才能向其中写入数据。

数据以文件的形式进行存储，操作系统以文件为单位对数据进行管理，文件系统仍是高级语言普遍采用的数据管理方式。

1.7.1 文件的概念

文件是存储在外部介质上的一组相关信息的集合。每个文件都有一个名称，称为文件名。一批数据是以文件的形式存储在外部介质上的，而操作系统以文件为单位对数据进行管理。

1. 二进制文件和文本文件

根据文件数据的组织形式，Python 的文件可分为文本文件和二进制文件。文本文件的每一个字节存放一个 ASCII 码，代表一个字符。二进制文件是将内存中的数据按照其在内存中的存储形式原样输出到磁盘上存储。

文本文件是由字符组成的，这些字符按照 ASCII 码、UTF-8 或 Unicode 等格式编码。在文本文件中，1 字节代表一个字符，一般占用存储空间较大，而且需要花费时间转换（二进制形式和 ASCII 码之间的转换）。Windows 记事本创建的.txt 文件是典型的文本文件，以.py 为扩展名的 Python 源文件、以.html 为扩展名的网页文件等也是文本文件。

无论是文本文件还是二进制文件，其操作过程是一样的，即首先打开文件并创建文件对象，然后通过该文件对象对文件内容进行读/写操作，最后关闭文件。

2. 文本文件的编码

文本文件是基于字符编码的文件，每个字符对应一个固定的编码，顺序流式存取，在任何操作系统下的解释和编码结果都是相同的，文本文件除了所包含的字符以外没有任何其他信息。常用的文本编码类型有 ASCII 码、GB 2312、Unicode、UTF-8、UTF-16。

Python 程序读取文件时，一般需要指定读取文件的编码方式，否则程序在运行时可能会出现异常。

ASCII 码编码方案一共规定了 128 个字符对应的二进制表示，只占用了 1 字节的后面 7 位，最高位为 0。

GB 2312 编码是第一个汉字编码国家标准。GB2312 编码用 1 字节表示英文字母，用 2 字节表示汉字字符，共收录汉字 6763 个，其中一级汉字 3755 个，二级汉字 3008 个。同时，GB 2312 编码还收录了包括拉丁字母、希腊字母、日文平假名及片假名字母、俄语西里尔字母在内的 682 个全角字符。GBK 编码是对 GB 2312 的扩充。

Unicode 是一个全球统一的编码字符集。Unicode 为每个字符分配唯一的字符编号，覆盖全球所有的语言和符号。Unicode 字符集中的字符可以有多种不同的编码方式，如 UTF-8、UTF-16、UTF-32 等。

UTF-8 是目前应用广泛的一种 Unicode 编码方式。UTF-8 是一种变长的编码方式，一般用 1～4 字节序列来表示 Unicode 字符。若文件使用了 UTF-8 编码格式，则在任何语言平台（中文操作系统、英文操作系统、日文操作系统等）下都可以显示不同国家的文字。UTF-8 是 Python 语言源代码默认的编码方式。

UTF-8 的编码规则如下：

（1）若首字节以 0 开头，则表示单字节编码，UTF-8 完全兼容 ASCII 码的编码方式 U+0000 到 U+007F。

（2）若首字节以 110 开头，则表示双字节编码。

（3）若首字节以 1110 开头，则表示三字节编码。

（4）若首字节以 11110 开头，则表示四字节编码。

（5）若首字节以 111110 开头，则表示五字节编码。

（6）若首字节以 1111110 开头，则表示六字节编码。

（7）对于多字节编码的字符，后续字节以 10 开头。

1.7.2　文件的打开和关闭

Python 提供了文件对象的访问模式，open()函数可以按照指定方式打开指定文件，并创建文件对象，用 close()方法关闭文件。

1. 打开文件

打开文件是指在程序和操作系统之间建立联系，程序把所要操作的文件的一些信息通知给操作系统。这些信息中除包括文件名外，还要指出读/写方式及读/写位置。若是读操作，则需要先确认此文件是否存在；若是写操作，则检查原来是否有同名文件，如果有就将该文件删除，然后新建一个文件，并将当前读/写位置设置在文件开头，准备写入数据。Python 使用内置函数 open()来打开文件，具体语法格式如下：

```
文件对象=open(文件说明符[,打开方式][,缓冲区])
```

其中，文件说明符指定要打开的文件，可以包含盘符、路径和文件名，以字符串形式出现。需要注意的是，如果文件路径中出现“\”，就要改写成“\\”；打开方式指定打开文件后的操作方式，该参数是字符串，必须用小写字母。文件打开方式是可选项，默认为r（只读方式）。文件打开方式使用具有特定含义的符号表示（表 1-17）；缓冲区设置表示文件操作是否使用缓冲区存储方式。若缓冲区参数设置为 0，则表示不使用缓冲存储；若该参数设置为 1，则表示使用缓冲存储。若指定的缓冲区参数为大于 1 的整数，则使用缓冲存储，并且该参数指定了缓冲区的大小。若缓冲区参数指定为-1，则使用缓冲存储，并且使用系统默认缓冲区的大小，这也是缓冲区参数的默认设置。

表 1-17　文件打开方式

打开方式	说明
r	以只读方式打开文件，文件指针将会放在文件的开头，是默认模式
w	打开一个文件只用于写入。若该文件已经存在，则将其覆盖；若该文件不存在，则创建新文件
a	打开一个文件用于追加。若该文件已经存在，则文件指针将会放在文件的结尾，新的内容将会被写入到已有内容之后；若该文件不存在，则创建新文件进行写入
rb	以二进制格式打开一个文件用于只读，文件指针将会放在文件的开头，这是默认模式
wb	以二进制格式打开一个文件只用于写入。若该文件已经存在，则将其覆盖；若该文件不存在，则创建新文件
ab	以二进制格式打开一个文件用于追加。若该文件已经存在，则文件指针将会放在文件的结尾，新的内容将会被写入已有内容之后；若该文件不存在，则创建新文件进行写入
r+	打开一个文件用于读写，文件指针将会放在文件的开头
w+	打开一个文件用于读写。若该文件已经存在，则将其覆盖；若该文件不存在，则创建新文件
a+	打开一个文件用于读写。若该文件已经存在，则文件指针将会放在文件的结尾，文件打开时是追加模式；若该文件不存在，则创建新文件用于读写
rb+	以二进制格式打开一个文件用于读写，文件指针将会放在文件的开头
wb+	以二进制格式打开一个文件用于读写。若该文件已经存在，则将其覆盖；若该文件不存在，则创建新文件
ab+	以二进制格式打开一个文件用于追加。若该文件已经存在，则文件指针将会放在文件的结尾；若该文件不存在，则创建新文件用于读写

2. 文件对象属性

文件一旦打开，通过文件对象的属性就可以得到有关该文件的各种信息。文件对象属性见表 1-18。

表 1-18　文件对象属性

属性	说明
closed	若文件被关闭，则返回 True，否则返回 False
mode	返回该文件的打开方式
name	返回该文件的文件名

文件属性的引用方法如下：

```
文件对象名.属性名
```

3. 关闭文件

使用文件对象的 close()方法关闭文件，其语法格式如下：

```
文件对象.close()
```

close()方法用于关闭已经打开的文件，将缓冲区中尚未存盘的数据写入磁盘，并释放文件对象，若想再次使用这个文件，则必须重新打开。

flush()方法可将缓冲区内容写入文件，但不关闭文件。

1.7.3 文件的读/写操作

当文本文件被打开后，可以根据文件的访问模式对文件进行读/写操作。若文件是以文本文件方式打开的，则程序既可以按照当前操作系统的编码方式来读/写文件，也可以指定编码方式来读/写文件；若文件是以二进制文件方式打开的，则按照字节流方式读/写文件。

1. 文件的定位

1）文件指针的概念

文件指针是文件操作的重要概念，Python 用文件指针表示当前读/写位置。在文件读/写过程中，文件指针的位置是自动移动的，可以用 tell()方法测试文件指针的位置，用 seek()方法移动文件指针到指定位置。以只读方式打开文件时，文件指针指向文件的开头；向文件中写数据或追加数据时，文件指针指向文件的末尾。通过设置文件指针的位置，可以实现文件的定位读/写。

2）tell()方法

tell()方法可以获取文件指针的位置并返回结果。其语法格式如下：

```
文件对象.tell()
```

其功能是返回文件的当前位置，即相对于文件开始位置的字节数，下一个读取或写入操作将发生在当前位置。文件刚打开时，当前位置在第一个字符，即位置为 0。

3）seek()方法

在文件读/写过程中，文件指针会自动移动。调用 seek()方法可以手动移动文件指针。其语法格式如下：

```
文件对象.seek(偏移[,参考点])
```

其功能是更改当前的文件位置。偏移参数表示要移动的字节数，移动时以设定的参考点为基准。若偏移为正数，则表示向文件尾方向移动；若偏移为负数，则表示向文件头方向移动。参考点指定移动的基准位置。若参考点设置为 0，则意味着以该文件的开始处作为基准位置，默认情况下参考点为 0；若参考点设置为 1，则是以当前位置作为基准位置；若参考点设置为 2，则是以该文件的末尾作为基准位置。

文本文件可以用 seek()方法移动指针，但 Python 3.x 限制文本文件只能相对于文件起始位置进行位置移动，当相对于当前位置和文件末尾进行位置移动时，偏移量只能取 0。对文本文件的读取定位可以使用二进制方式打开。

2. 读取文件数据

Python 提供了一组读取文件数据的方法，主要包括 read()方法、readline()方法和 readlines()方法。

1）read()方法

read()方法的语法格式如下：

```
变量=文件对象.read([count])
```

其功能是读取从当前位置直到文件末尾的内容，并作为字符串返回，赋给变量。若是刚打开的文件对象，则读取整个文件。read()方法通常将读取的文件内容存储在一个字符串变量中。其中 count 参数功能是从当前位置读取文件的 count 个字符，并作为字符串返回，赋给变量。若文件结束，则读取到文件结束位置；若 count 大于文件从当前位置到末尾的字符数，则仅返回这些字符。

2）readline()方法

readline()方法可以逐行读取文件内容，在读取过程中，文件指针后移。其语法格式如下：

```
变量=文件对象.readline()
```

其功能是读取从当前位置到行末的所有字符，并作为字符串返回，赋给变量。通常用此方法读取文件的当前行，包括结束符。若当前文件处于文件末尾，则返回空串。

3）readlines()方法

readlines()方法是一次性读取所有行，如果文件很大，就会占用大量的内存空间，读取时间也会很长。其语法格式如下：

```
变量=文件对象.readlines()
```

其功能是读取从当前位置直到文件末尾的所有行，并将这些行以列表形式返回，赋给变量。列表中的元素即每一行构成的字符串，若当前文件处于文件末尾，则返回空列表。

4）读取 Python 文件

Python 将文件看作由行组成的序列，可以通过迭代方式逐行选取文件。若读取 Python 源文件，则应指定文件的编码方式，否则在程序运行时会报告异常。

3. 向文件写入数据

当文件以写方式打开时，可以向文件写入文本内容。Python 文件对象提供了两种写文件的方法：write()方法和 writelines()方法。

1）write()方法

write()方法用于向文件中写入字符串，同时文件指针后移。其语法格式如下：

```
文件对象.write(字符串)
```

其功能是在文件当前位置写入字符串，并返回字符的个数。write()方法执行完毕后并不换行，若需要换行，则在字符串最后加换行符“\n”。

2）writelines()方法

writelines()方法的语法格式如下：

```
文件对象.writelines(字符串元素的列表)
```

其功能是在文件当前位置依次写入列表中的所有字符串。writelines()方法接收字符串列表作为参数，并将它们写入文件，但不会自动加入换行符。若有需要，则必须在每一行字符串的结尾加上换行符。

1.8　面向对象程序设计概要

1.8.1　面向对象的概述

随着软件规模的不断扩大，人们对软件系统的维护提出了更高的要求，对具有良好的可重用性与可扩展性的开发语言的需求也日益迫切。使用面向过程的编程语言设计复杂程序时会增加软件调试和维护的难度，与这种传统开发方法相比，面向对象的技术更接近软件工程的重用性、灵活性和扩展性三个主要目标。

Python 程序的交互式执行方式适用于学习一些基本的语句或函数。程序或函数是对语句的封装，它不仅可以批量地执行源代码，增强了程序的抽象能力，还支持代码复用。更高层次的封装则是面向对象程序设计（object-oriented programming，OOP），其不仅封装了代码，还封装了用于操作的数据。

相对于传统的面向过程的结构化编程语言，面向对象程序设计是一种新的程序设计方法。

1. 面向对象的概念

基于面向过程程序设计模式的编程语言称为结构化程序设计语言。面向过程程序设计的主要特点是程序由过程定义和过程调用组成。其表达式如下：

程序=过程+调用

面向对象程序设计是将数据和使用此数据的过程封装成类。在保证内部数据的完整性的同时，封装和隐藏的数据具有良好的可读性和相对独立性。面向对象程序设计中的核心元素是对象及对象间的消息传递，其表达式如下：

程序=对象+消息

2. 面向对象程序设计中的概念

面向对象程序设计方法提出了类、对象、封装、数据隐藏、继承和多态性等全新的概念。

1）类与对象

在面向对象程序设计中，类是指具有相同数据特征和行为特征的一组对象的抽象描述。类就像一个模板，按照类再建立一个个具体实例，即对象。

对象具有静态和动态两个要素。静态要素即为对象的数据特征，通常称为属性；动态要素即为对象的行为特征，通常称为方法。对象的方法能够根据外界传递的消息进行相应的操作。

2）消息

对象之间需要相互联系沟通，对象之间的沟通是通过相互发送消息实现的。例如，一个对象发送一个操作消息给另一个对象，接收消息的对象就执行这个操作。

消息是指对象之间进行通信的结构，发送一条消息至少要说明接收该消息的对象名、发送给该对象的消息名和必要的参数组成。

当对象收到发给它的消息后，就可以调用有关方法执行相应的操作。消息的传递可以是一对多，也可以是多对一；可以连续发送，也可以间断发送；接收对象可以选择响应消息，也可以选择不响应消息。

3）封装（encapsulation）和隐藏（information hiding）

封装性是面向对象程序设计方法的一个重要特征，封装可以将对象的一部分属性和功能对外界屏蔽。封装的优点体现在以下几个方面：

（1）封装允许类的实例不必关心类的数据存储和工作机理就可以使用它。

（2）所有对数据的访问和操作都必须通过特定的方法，否则将无法使用，也无法修改，从而达到数据隐藏的目的。

隐藏是类把对数据结构的操作消息隐藏在内部，即隐蔽其内部不需要外界知晓的细节，只留下必要的接口与外界联系，接收外界的消息，完成外部指令。这种对外界隐蔽的做法称为信息隐蔽。信息隐蔽有利于数据安全，防止无关的人了解和修改数据。

在 Python 中，封装性是通过类实现的。通过创建类的对象，以对象为载体进行数据交流和数据操作。其主要目的在于隐藏细节，降低操作对象的复杂度。

4）子类和继承性（inheritance）

继承是指一个类拥有另一个类的所有成员（属性与方法），并可以增加自己的成员。被继承的类称为父类或基类，继承了父类的所有属性和方法的类称为子类或派生类。子类可以增加新的属性和方法，也可以重新定义父类的方法。继承性是 Python 的一个重要组成部分，可重用性是通过继承机制实现的。类的继承如图 1-5 所示。

父类	父类的属性 父类的方法
子类	父类的属性 父类的方法 子类添加的属性 子类添加的方法

图 1-5　类的继承

子类继承了父类的所有成员，并可以对成员作出必要的增加或调整。一个父类可以派生出多个子类，每一个子类又可以作为父类再派生出新的子类，因此父类和子类是相对而言的。

5）多态性（polymorphism）

多态性是面向对象程序设计的主要特征，是指同一个消息被不同类型的对象接收时产生不同的行为。在 Python 中，多态性也是指类中的方法重载，即一个类中有多个同名（不同参数）的方法，方法调用时，根据不同的参数选择执行不同的方法。

多态性更多地发生在继承过程中。当一个类中定义的属性和方法被其他类继承后，它们可以具有不同的数据类型或表现出不同的行为，这使得同一个属性和方法在不同的类中具有不同的语义。

1.8.2　创建类与对象

1. 创建类

类是对象的抽象，它用于描述一组对象共同的特征和行为。对象的特征（属性）用成员变量描述，对象的行为（方法）用成员方法描述。

对象是类的一个实例，要想创建一个对象，首先要定义一个类。在 Python 中，使用 class 关键字来声明一个类。其基本语法格式如下：

```
class <类名>:
    类的属性(成员变量)
    …
    类的方法(成员方法)
…
```

类由以下 3 部分组成。

（1）类名：类的名称，通常首字母大写。

（2）属性：用于描述事物的特征，如人有姓名、年龄等。

（3）方法：用于描述事物的行为，如人具有说话、微笑等行为。

2. 创建对象

应用程序想要实现具体功能，仅有类是远远不够的，还要根据类来创建对象。在Python 中，可以使用如下语法创建一个对象：

```
对象名=类名()
```

例如，创建 Student 类中的一个对象 st1，示例代码如下：

```
st1=Student()
```

上述代码中，st1 实际上是一个变量，可以使用它来访问类的属性和方法。如果要给对象添加属性，就可以通过如下格式实现：

```
对象名.属性名=值
```

例如，为对象 st1 添加 name 属性，示例代码如下：

```
st1.name="Jack"
```

1.8.3 构造方法和析构方法

Python 的类提供了两个较为特殊的方法：__init__()和__del__()，分别用于初始化对象的属性和释放对象所占用的资源。

1. 构造方法

类中定义的名字为__init__()的方法（以两个下划线“__”开头和结尾）称为构造方法。一个类定义了__init__()方法以后，创建对象时就会自动地为新生成的对象调用该方法。构造方法一般用于完成对象数据成员设置初值或进行其他必要的初始化工作。如果未定义构造方法，那么 Python 将提供一个默认的构造方法。

2. 析构方法

Python 中的__del__()方法是析构方法。析构方法与构造方法相反，析构方法用来释放对象占用的资源。当不存在对象引用时（对象所在的函数已经调用完毕），在 Python 回收对象空间之前自动执行该办法。如果用户未定义析构方法，那么 Python 将提供一个默认的析构方法进行必要的清理工作。析构方法__del__()在释放对象时调用，支持重载，不需要显式调用。

1.8.4 self 参数及类属性和实例属性

1. self 参数

成员方法的第一个参数一般是 self。self 表示对象本身，当某个对象调用成员方法时，Python 解释器会自动把当前对象作为第一个参数传给 self，用户只需传递后面的参数即可。

需要注意的是，成员方法的第一个参数通常命名为 self，但使用其他参数名也是合法的。

2. 类属性和实例属性

1）类属性

类属性（class attribute）是指类对象所拥有的属性，它被所有类对象的实例对象所公有，在内存中只有一个副本，这与 C++中类的静态成员变量有些类似。对于公有的类属性而言，在类外可以通过类对象和实例对象访问。

2）实例属性

实例属性（instance attribute）不是在类中显式定义的，而是在__init__()构造函数中定义的，定义时以 self 作为前缀。在其他方法中也可以随意添加新的实例属性，但并不提倡这么做，所有的实例属性最好在__init__()中给出。实例属性属于实例（对象），只能通过对象名访问。

若在类外修改类属性，则必须先通过类对象去引用，然后进行修改。若通过实例对象引用，则会产生一个同名的实例属性，这种方式修改的是实例属性，不会影响类属性。之后，如果通过实例对象引用该名称的属性，实例属性就会强制屏蔽类属性，即引用的是实例属性，除非删除了该实例属性。

1.8.5　类的继承

1. 继承的概念

面向对象程序设计带来的主要好处之一就是代码的重用。当设计一个新类时，为了实现这种重用可以继承一个已经设计好的类。一个新类从已有的类中获得其已有的特征，这种现象称为类的继承（inheritance）。通过继承，在定义一个新类时，先把已有类的功能包含进来，然后给新功能定义或对已有类的某些功能重新定义，从而实现类的重用。从另一个角度说，从已有类产生新类的过程称为类的派生（derivation），即派生是继承的另一种说法，两者的区别仅在于表述问题的角度不同。

在继承关系中，被继承的类称为父类或超类，也称为基类，继承的类称为子类。在 Python 中，类继承的定义形式如下：

```
class 子类名(父类名):
    类的属性
    类的方法
```

在定义一个类时，可以在类名后面紧跟一对括号，在括号中指定所继承的父类。若有多个父类，则多个父类名之间用逗号隔开。

在 Python 中，如果父类和子类都重新定义了构造方法__init__()，那么在进行子类实例化时，子类的构造方法不会自动调用父类的构造方法，而必须在子类中显式调用。若在子类中调用父类的方法，则以“父类名.方法”的方式调用，注意传递 self 参数。

对于继承关系，子类继承父类所有的公有属性和方法，可以在子类中通过父类名调用；而对父类私有的属性和方法，子类是不能继承的，因此其在子类中无法通过父类名访问。

2. 方法重写

在继承关系中，子类会自动拥有父类定义的方法。若父类的方法不能满足子类的需求，则子类可以按照自己的方式重新实现从父类中继承的方法，这就是方法的重写。子类中重写的方法会覆盖父类中同名的方法，但需要注意的是，在子类中重写的方法和父类中被重写的方法具有相同的方法名和参数列表。

3. Python 的多重继承

单继承子类只有一个父类，但实际应用中常有以下情况：一个子类有两个或多个父类，该子类从两个或多个父类中继承所需的属性。允许一个子类同时继承多个父类，这种行为称为多重继承（multiple inheritance）。Python 支持多重继承。

多重继承的定义形式如下：

```
class 子类名(父类名 1,父类名 2,…):
    类的属性
    类的方法
```

在定义时，多个父类名用逗号隔开。多重继承存在的一个问题是，如果子类没有重新定义构造方法，那么它会自动调用哪个父类的构造方法呢？Python 2 采用深度优先搜索的规则，首先调用第一个父类的构造方法，然后调用第一个父类的父类的构造方法，以此类推。但 Python 3 不会深度搜索后面的父类。如果子类重新定义了构造方法，就需要显式调用父类的构造方法，此时调用哪个父类的构造方法由程序决定。若子类没有重新定义构造方法，则只会执行第一个父类的构造方法，并且若父类 1、父类 2……父类 n 中有同名的方法，通过子类的实例化对象去调用该方法时调用的是第一个父类中的方法。

对于普通方法而言，其搜索规则和构造方法一样。

1.8.6 类的多态

多态即多种形态，是指不同的对象收到同一种消息时产生不同的行为。在程序中，消息是指调用函数，不同的行为是指不同的实现方法，即执行不同的函数。

Python 中的变量是弱类型的，在定义时不用指明其类型，它会根据需要在运行时确定变量的类型。在运行时确定其状态，在编译阶段无法确定其类型，这是多态的一种体现。此外，Python 本身是一种解释性语言，不进行编译，它只在运行时确定其状态，因此 Python 是一种多态语言。在 Python 中，很多地方都体现多态的特性，如内置函数 len()。len()函数不仅可以计算字符串的长度，还可以计算列表、元组等对象中的数据个数。在运行时通过参数类型确定其具体的计算过程，正是多态的一种体现。

当子类和父类都存在相同的方法时，子类的方法覆盖了父类的方法，在代码运行时调用子类的方法。

多态的好处是，当需要传入更多子类时，只需继承父类类型就可以了。而方法既可以不重写（使用父类的），也可以重写一个子类特有的方法，这就是多态。调用方只管调用，不必关注细节，而当新增一种父类的子类时，只要确保新方法编写正确，不必关注原来的代码，这就是著名的开闭原则。

（1）对扩展开放（open for extension）：允许子类重写方法函数。

（2）对修改封闭（closed for modification）：不重写，直接继承父类方法函数。

1.8.7　运算符重载

运算符重载是指将运算符与类的方法关联起来，每个运算符都对应一个指定的内置方法。

Python 语言支持运算符重载功能，类可以重载加、减、乘、除等运算，也可以重载打印、索引、比较等内置运算。Python 在对象运算时会自动调用对应的方法。例如，若类实现了__add__()方法，当类的对象出现在“+”运算符中时，则会调用这个方法。常见的运算符重载方法见表 1-19。

表 1-19　常见的运算符重载方法

方法名	重载说明	运算符调用方式
__add__	运算符+	X+Y，X+=Y
__or__	运算符|	X|Y，X|=Y
__repr__，__str__	打印或转换对象	print(X)，repr(X)，str(X)
__getitem__	索引运算	X[key]，X[i:j]
__setitem__	索引赋值语句	X[key]，X[i:j]=sequence
__delitem__	索引和分片删除	del X[key]，del X[i:j]
__bool__	布尔测试	bool(X)
__lt__，__gt__，__le__，__ge__，__eq__，__ne__	特定的比较	X<Y，X>Y，X<=Y，X>=Y，X==Y，X!=Y 注释：（lt: less than, gt: greater than, le: less equal, ge: greater equal, eq: equal, ne: not equal）
__radd__	右侧加法	other+X

1. 加法运算符重载和减法运算符重载

加法运算符重载时通过执行__add__()方法完成，减法运算符重载时通过执行__sub__()方法完成。当两个对象执行运算时，自动调用对应的方法。

2. __str__()方法重载和__ge__()方法重载

重载__repr__()方法和__str__()方法可以将对象转换为字符串形式，在执行 print()、str()、repr()等方法时，以及在交互模式下自己打印对象时，会调用__repr__()方法和__str__()方法。__repr__()方法和__str__()方法的区别是，只有执行 print()方法、str()方法才可以调用__str__()方法完成对象转换，而__repr__()方法在多种操作下都能将对象转换为自定义的字符串形式。__ge__()方法用于重载“>=”运算符。

3. 索引和切片重载

与索引和切片相关的重载方法有如下 3 个。

（1）__getitem__()方法。该方法用于索引、切片操作。在对象执行索引、切片或者 for 迭代操作时，会自动调用该方法。

（2）__setitem__()方法。该方法用于索引赋值。通过赋值语句给索引或者切片赋值时，调用__setitem__()方法实现对序列对象的修改。

（3）__delitem__()方法。当使用 del 关键字删除对象时，实质上会调用__delitem__()方法实现删除操作。

1.9 Python 的第三方库概要

1.9.1 科学计算的 numpy 库

numpy（numerical Python）是高性能科学计算和数据分析的工具包，提供了大量的数组操作及相关的操作函数。一般使用 import numpy as np 语句进行导入。

1. 创建和使用 numpy 数组

1）numpy 数组的概念

numpy 库中处理的最基本的数据类型是相同类型元素构成的数组。numpy 数组是一个多维数组对象，称为 ndarray。numpy 数组的下标从 0 开始。

2）创建 numpy 数组

创建 numpy 数组有很多种方法。可以使用 array()函数从常规的 Python 列表或元组创建数组，也可以使用 arange()函数创建数组，还可以使用 linspace()函数创建数组。示例源程序代码如下：

```
>>> import numpy as np
>>> a1=np.array((1,2,3))  #基于元组
>>> l1=[100,200,300,400]
>>> a2=np.array(l1)    #基于列表
>>> a1,a2
```

```
(array([1, 2, 3]), array([100, 200, 300, 400]))
>>> l2=[[1,2,3],[4,5,6]]
>>> a3=np.array(l2)
>>> a3
array([[1, 2, 3],[4, 5, 6]])
>>> a4=np.arange(0.1,1,0.1) #与 range()函数用法类似
>>> a4
array([0.1, 0.2, 0.3, 0.4, 0.5, 0.6, 0.7, 0.8, 0.9])
>>>a5=np.linspace(1,6,5) #初值 1，终值 6，5 个元素，等间距。
>>>a5
array([1.  , 2.25, 3.5 , 4.75, 6.  ])
```

3）访问 numpy 数组中的元素

（1）通过索引来访问单一元素。示例源程序代码如下：

```
>>> import numpy as np
>>> a=np.array([1,2,3,4,5,6])
>>> a[0]
1
>>> a[5]
6
>>> b=np.array([[1,2,3],[4,5,6]])
>>> b
array([[1, 2, 3],
       [4, 5, 6]])
>>> b[0][0]
1
>>> b[1][2]
6
>>> b[0][1]
2
```

（2）用切片的形式访问数组中多个元素。示例源程序代码如下：

```
>>> import numpy as np
>>> a=np.array([1,2,3,4,5,6])
>>> a
array([1, 2, 3, 4, 5, 6])
>>> a[2:5]
array([3, 4, 5])
>>> a[:5]
array([1, 2, 3, 4, 5])
>>> a[:-1]
```

```
array([1, 2, 3, 4, 5])
>>> a[::-1]
array([6, 5, 4, 3, 2, 1])
>>> b=np.array([[1,2,3],[4,5,6],[7,8,9]])
>>> b
array([[1, 2, 3],
       [4, 5, 6],
       [7, 8, 9]])
>>> b[:2]    #第 0、1 行
array([[1, 2, 3],
       [4, 5, 6]])
>>> b[1:]    #第 1、2 行
array([[4, 5, 6],
       [7, 8, 9]])
>>> b[:,1]    #第 1 列
array([2, 5, 8])
>>> b[0:2,2]    #第 2 列的第 0、1 行元素
array([3, 6])
```

2. numpy 数组的运算

1）numpy 数组的算术运算和矩阵乘法。示例源程序代码如下：

```
>>> import numpy as np
>>> a=np.array([[1,1,1],[2,2,2],[3,3,3]])
>>> b=np.array([[1,2,3],[4,5,6],[7,8,9]])
>>> a
array([[1, 1, 1],
       [2, 2, 2],
       [3, 3, 3]])
>>> b
array([[1, 2, 3],
       [4, 5, 6],
       [7, 8, 9]])
>>> a+b
array([[ 2,  3,  4],
       [ 6,  7,  8],
       [10, 11, 12]])
>>> a*b    #矩阵算术乘法，对应元素运算
array([[ 1,  2,  3],
       [ 8, 10, 12],
       [21, 24, 27]])
```

```
>>> np.dot(a,b)  #矩阵乘法
array([[12, 15, 18],
       [24, 30, 36],
       [36, 45, 54]])
```

2）numpy 数组的基本统计分析函数示例。示例源程序代码如下：

```
>>> import numpy as np
>>> x=np.array([[1,2,3],[4,5,6],[7,8,9]])
>>> x
array([[1, 2, 3],
       [4, 5, 6],
       [7, 8, 9]])
>>> x.sum()    #求和
45
>>> x.sum(axis=0)   #列向求和
array([12, 15, 18])
>>> x.sum(axis=1)   #行向求和
array([ 6, 15, 24])
>>> x.mean()   #求均值
5.0
>>> x.max()
9
>>> x.min()
1
>>> x.max(axis=0)   #列向求最大值
array([7, 8, 9])
```

1.9.2　数据分析的 pandas 库

pandas 是基于 numpy 的一种工具，该工具是为了解决数据分析任务而创建的。pandas 中包含大量库和一些标准的数据模型，提供了高效操作大型数据集所需的工具。一般使用 import pandas as pd 语句进行导入。

1. 创建、使用 DataFrame 对象数据

DataFrame 是一种二维数据结构，非常接近于电子表格形式。它的竖行称为 columns，横行称为 index。可以使用字典数据创建 DataFrame 对象，字典的“键”就是 DataFrame 的 columns 的值（名称），字典中每个“键”的“值”是一个列表，它们就是竖列中的具体填充数据。index 的值默认为 0、1、2…的自然数序列。

示例源程序代码如下：

```
>>>from pandas import DataFrame
>>>data={'姓名':['王月','张宇','李玉'],'语文':[90,80,60],\
    '数学':[80,70,90],'英语':[90,80,70]}
```

```
>>>df=DataFrame(data)
>>>print(df)
   姓名  语文  数学  英语
0  王月  90    80    90
1  张宇  80    70    80
2  李玉  60    90    70
```

说明：data 是个字典变量，使用 data 创建了 DataFrame 对象 df。df 的 columns 值为“姓名”“语文”“数学”“语文”。df 的 index 值为 0、1、2。

示例源程序代码如下：

```
>>> df.head(2)             #显示前 2 行
>>> df.tail(2)             #显示最后 2 行
>>> df.姓名                #显示姓名列的内容，也可以 df['姓名']
>>> df.语文                #显示语文列的内容，也可以 df['语文']
>>> df.iloc[:,[0,2]]       #用数字列号切片，逗号分隔两项，左边代表行，右边代表列
>>> df.iloc[1:,2:]         #第 1、2 行第 2、3 列的数据
>>> df.loc[:,['姓名','英语']]      #用列名切片，显示姓名、英语两列数据
>>> dv=df.values
>>> dv                     #显示 dv 变量的值
array([['王月', 90, 80, 90],
      ['张宇', 80, 70, 80],
      ['李玉', 60, 90, 70]], dtype=object)
>>> df.T                   #转置
>>>df.sort_index()         #按索引列升序排序
>>> df.sort_values(by='数学')                        #按数学列的值升序排序
>>> df.sort_values(by='数学',ascending=False)        #按数学列的值降序排序
>>> df.mean()                                        #求各科均值
>>> round(df.mean(1),1)                              #横向求均值
>>> df[df.数学>=80]        #显示数学列大于等于 80 的数据
>>> df['性别'].value_counts()                        #按性别列统计人数
>>> df.groupby('性别').mean()                        #统计男女生各科平均分
>>> df.groupby('性别').['数学'].max()                #统计男女生数学最高分
```

2. 使用 pandas 库导入 Excel 表格

导入 Excel 表格还需要安装 xlrd 库。

使用 pandas 库的 read_excel()函数可以导入 Excel 表格文件，生成一个 DataFrame 对象，之后使用 pandas 库丰富的工具函数可以高效率地进行数据统计和分析。

```
>>>import pandas as pd
>>>df=pd.read_excel('chj.xlsx')#默认读取 chj.xlsx 表格文件 sheet1 的数据
```

若表格文件没有存储在默认文件夹中，则可以指定路径。例如，pd.read_excel('d:/txt/chj.xlsx')可以导入存储在 D 盘 txt 文件夹中的 chj.xlsx 文件。

1.9.3 图表绘制的 matplotlib 库

matplotlib 是 Python 的绘图库，可用于实现数据可视化。matplotlib 库的 pyplot 模块用于快速绘制二维图表，一般使用 import matplotlib.pyplot as plt 语句导入。下面通过 3 个例子分别介绍 pyplot 模块的曲线绘制功能、条形图绘制功能和饼图绘制功能。

1）绘制正弦曲线 sin(x)，x 取值范围[0,2π]。源程序代码如下：

```
import matplotlib.pyplot as plt
import numpy as np
x=np.linspace(0,2*np.pi,100)
y=np.sin(x)
plt.plot(x,y,'r')              #基于 x，y 数据画图，红色线条
plt.title('sin')               #图表标题
plt.xlabel('x')                #x 轴标题
plt.ylabel('sin(x)')           #y 轴标题
plt.ylim(-1,1)                 #y 轴范围
plt.grid(True)                 #显示网格线
plt.show()                     #显示图形
```

2）基于 chj.xlsx 表格数据计算每个学生的总成绩，并画条形图直观地显示学生总成绩的高低。源程序代码如下：

```
import pandas as pd
import matplotlib
import matplotlib.pyplot as plt
matplotlib.rcParams['font.sans-serif']=['SimHei']  #设置中文字体黑体
df = pd.read_excel('chj.xlsx')          #读取 chj.xlsx 表格文件的数据
x=df.姓名                       #x 存放姓名列的数据
cj=df.values[:,2:]             #cj 存放成绩数据
y=cj.sum(1)                    #y 存放每个学生的总成绩
plt.bar(x,y,width=0.2)         #画条形图
plt.xlabel("姓名")              #x 轴文字标签
plt.ylabel("总分")              #y 轴文字标签
plt.title("班级总成绩")          #图表标题
plt.show()
```

3）基于 chj.xlsx 表格数据统计语文成绩各分数段人数，并画饼图直观地显示各分数段人数占总人数的百分比。源程序代码如下：

```
import matplotlib
import pandas as pd
import matplotlib.pyplot as plt
matplotlib.rcParams['font.sans-serif']=['SimHei']  #设置中文字体黑体
df=pd.read_excel('chj.xlsx')
```

```
    q1=q2=q3=q4=0
    for i in df.语文:
        if i>=85:
            q1+=1
        elif i>=70:
            q2+=1
        elif i>=60:
            q3+=1
        else:
            q4+=1
q=list((q1,q2,q3,q4))    #q存放各分数段人数
bq=['85-100','70-84','60-69','0-59']    #bq存放不同分数段的标签
plt.pie(x=q,labels=bq,autopct='%.1f %%')
plt.title('语文成绩分段统计')
plt.show()
```

第2章 上机实验

2.1 用 Python 编写简单程序

【实验目的】

熟悉 Python IDLE 环境，分别使用交互方式、程序方式练习简单的编程习题，培养编程兴趣。

【实验范例】

1. 交互方式练习

在命令提示符后面输入 Python 命令行，回车后执行。

```
>>> 1234+5678
6912
>>> 100-30
70
>>> 123*456
56088
>>> 12345/3
4115.0
>>> 12//5                    #整除运算，结果为商，舍弃余数
2
>>> s1='abc'                 #将字符串赋值给变量 s1
>>> s2='def'                 #将字符串赋值给变量 s2
>>> s1+s2                    #字符串连接
'abcdef'
>>> print(s1*3)              #字符串 s1 重复 3 次
abcabcabc
>>> print(len(s1))           #函数 len()的值是字符串中字符的个数
3
>>> print(len('哈商大'))     #一个汉字也按一个字符计数
3
```

2. 程序方式练习

【例 2.1】 程序运行时输入两个整数和一个算术运算符，输出构成的算术表达式及其运算结果。假设输入 3，7，*，则输出 3*7=21。

源程序：

```
x=input("请输入一个整数：")
y=input("请输入另一个整数：")
ysf=input("请输入一个算术运算符（+-*/）:")
bdsh=x+ysf+y
ans=eval(bdsh)
print(x,ysf,y,'=',ans)                    #简单输出
print("{}{}{}={}".format(x,ysf,y,ans))    #格式输出
```

说明：

（1）“+”号可以连接字符串。

（2）print()函数输出多项时，用逗号分隔各个输出项，变量输出其值，常量原样输出。

（3）用字符串的 format()方法进行格式输出时，左边字符串中“{}”是占位符，“=”是原样输出的常量，format()方法中指明和占位符匹配的变量或者表达式。

【例 2.2】 使用 turtle 库画一个半径为 50 的红色实心圆。运行结果如图 2-1 所示。

图 2-1　例 2.2 运行结果

源程序：

```
import turtle              #导入 turtle 库
turtle.color('red')        #设置颜色为红色
turtle.begin_fill()        #开始填充
turtle.circle(50)          #画圆
turtle.end_fill()          #结束填充
turtle.ht()                #隐藏画图的箭头
```

【例 2.3】 使用 turtle 库画一个紫色填充的四瓣花，圆弧半径为 50。运行如果如图 2-2 所示。

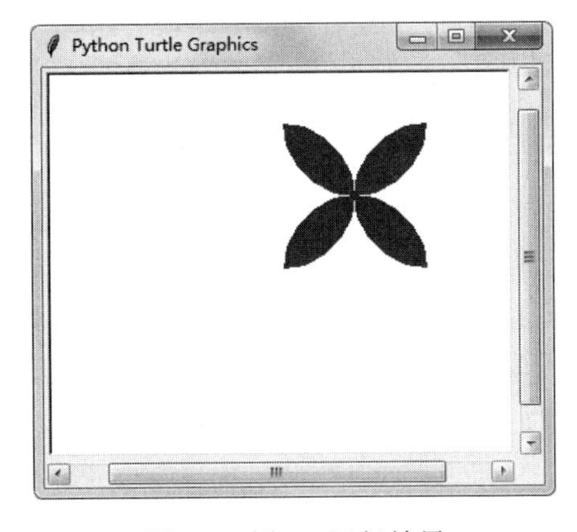

图 2-2 例 2.3 运行结果

源程序：

```
from turtle import *        #导入 turtle 库所有函数
speed(5)                    #设置画图速度
color('purple')             #设置颜色
begin_fill()                #开始填充
for i in range(4):          #循环 4 次，每次执行缩进的两行代码
    circle(50,180)          #画半径为 50 的半圆
    lt(90)                  #画图的箭头左转 90 度
end_fill()                  #结束填充
ht()                        #隐藏画图的箭头
```

【实验内容】

（1）程序运行时输入两个十进制整数，输出两个数的商和余数。

（2）程序运行时输入圆的半径（要求半径大于 0），输出圆的面积和周长。π 可以用 3.14 表示。

（3）查阅相关资料，使用 turtle 库画一个自己喜欢的图形。

2.2 常变量、运算符和表达式

【实验目的】

掌握常用的运算符和表达式。编写各种数据类型表达式例题；熟练使用 print()、input()、eval()等与输入输出有关的函数。

【实验范例】

1. 程序的书写规范练习

【例 2.4】 在 Python 中实现同一行使用多条语句。

```
>>>s=3;i=7;s+=i;print(s)
10
```

【例 2.5】 注释、代码块的缩进练习。利用分支语句编程，从键盘输入一个成绩，然后计算相应的绩点。假设学分绩点的计算规则如下：60 分，绩点为 1；往上每 1 分，绩点为 0.1；100 分，绩点为 5；不及格，绩点为 0。

源程序：

```
'''绩点
计算程序'''
score=eval(input("请输入成绩："))
pass_score=60
if score>=pass_score:
    gpoint=1+(score-pass_score)/10      #gpoint 代表绩点
    print("学分绩点为",gpoint)
    print("通过考试")
else:
    print("学分绩点为 0")
    print("未通过考试")
```

2. 常量与变量、判断数据类型的练习

源程序：

```
>>> a=10               #a 是数值型变量
>>> a=a+7              #增量赋值
>>> a*=3
>>> a
   51
>>> b="Hello"          #b 是字符型变量
>>> b
'Hello'
>>> type(a)            #type()函数用于判断数据类型
<class 'int'>          #int 代表整型
>>> type(b)
<class 'str'>          #str 代表字符串类型
>>> x=0B1011           #0B 代表二进制整数
```

```
>>> y=0X1DF           #0X代表十六进制整数
>>> print(x,y)
11  479
>>> type(x),type(y)
(<class 'int'>, <class 'int'>)
```

3. 数值类型及操作的练习

【例2.6】 数值类型及其转换练习。

源程序：

```
>>> num=input("请输入一个实数")                    #假设从键盘输入77.88
>>> print(num)
>>> print(num+9)                                   #观察出错信息，思考原因
>>> num1=int(num)+9                                #观察小数位
>>> print(num1)
>>> num2=float(num)+9                              #观察出错原因
>>> print(num2)
>>> num3= int(eval(input("请输入一个实数")))       #假设从键盘输入77.88
>>> print(num3+5)
>>> num4=float(eval(input("请输入一个实数")))      #假设从键盘输入77.88
>>> print(num4+5)
```

【例2.7】 数值类型运算符及常用函数练习。

源程序：

```
>>> x=5
>>> y=2
>>> m1=x*y
>>> m2=x**y
>>> m3=pow(x,y)
>>> print(m1,m2,m3)
>>> m4=x/y
>>> m5=x//y
>>> m6=x%y
>>> m7=divmod(x,y)                                 #返回含商和余数的元组
>>> print(m4,m5,m6,m7)
>>> m8=max(x,y,8)
>>> m9=min(x,y,8)
>>> print(m8,m9)
```

4. 字符串的练习

【例2.8】 字符串的索引与切片练习。

源程序：

```
>>> '天下之本在国，国之本在家'[7]
```

```
'国'                                                  #标点符号也是字符
>>> '天下之本在国，国之本在家'[-1]
'家'
>>> '天下之本在国，国之本在家'[5:8]
'国，国'
>>> '天下之本在国，国之本在家'[:6]
'天下之本在国'
>>> '天下之本在国，国之本在家'[7:]
'国之本在家'
```

【例 2.9】 字符串输出的格式化的练习。

源程序：

```
>>> i=3
>>> j=7
>>> print("{}*{}={}".format(i,j,i*j))
3*7=21
>>> print("{1}*{0}={2}".format(i,j,i*j))
7*3=21
>>> print("anser={:.2f}".format(3.567))
anser=3.57
>>>"不要人夸颜色好，只留{}满{}".format("清气","乾坤")
'不要人夸颜色好，只留清气满乾坤'
>>>"不要人夸颜色好，只留{1}满{0}".format("乾坤","清气")
'不要人夸颜色好，只留清气满乾坤'
>>> z="中华优秀传统文化"
>>> "{:^27}".format(z)
'          中华优秀传统文化          '             #居中对齐
>>> "{:*^27}".format(z)
'*********中华优秀传统文化**********'              #居中对齐并且填充*号
>>> "{:.10}".format(z)
'中华优秀传统文化'
```

【例 2.10】 字符串内置函数和字符串处理方法的练习。

源程序：

```
>>> x=1234567
>>> x
1234567
>>> str(x)
'1234567'                                             #str()函数
>>> len(x)
Traceback (most recent call last):
```

```
  File "<pyshell#3>", line 1, in <module>        #len()函数
    len(x)
TypeError: object of type 'int' has no len()
>>> y='hellow'
>>> len(y)
6
>>> s= ' Hi,Python '
>>> s.upper( )
' HI,PYTHON '
>>> s.lower( )
' hi,python '
>>> s.find(' Hi')
0                                          #s.find()是方法的用法
>>> s.replace(' Hi', ' Hello')             #后面的串替换前面的串
' Hello,Python '
>>> s.split(',')                           #拆分串
[' Hi ', ' Python ']
>>> ss= ' '
>>> ss.join(s)                             #用空格分隔串
' H i , P y t h o n '
>>> "*".join(s)
' *H*i*,*P*y*t*h*o*n* '
```

【实验内容】

（1）输入三角形的三条边，求面积并输出结果，保留一位小数。（提示：使用 import math，用 math.sqrt() 求平方根）

（2）程序读入一个表示星期几的数字（1～7），输出对应的星期字符串名称。例如，输入 5，返回“星期五”。

（3）输入一个英文句子，统计并输出单词数。例如，输入“I am a teacher”，输出 4。（提示：用 split()拆分成列表，再用 len()求个数）

（4）将两个两位整数 a、b 合并成 c 输出，将 a 的十位和个位依次放在 c 的千位和十位上，将 b 的十位和个位依次放在 c 的百位和个位上。例如，a=45，b=12，输出 c=4152。

（5）运行时输入一个美元数，输出可以兑换的人民币数，保留两位小数。汇率自己网上查询。

2.3 分支结构程序设计

【实验目的】

掌握 if 语句的常用格式和用法。

【实验范例】

【例 2.11】 程序运行时输入一个整数，判断其奇偶并输出相应信息。

源程序：

```
x=eval(input('请输入一个整数:'))
if  x%2==0:     #注意关系等于是双等号==
    print(x,'是偶数')
else:
    print(x,'是奇数')
```

【例 2.12】 将百分制成绩转换成相应的等级，对应关系为：90 分（含）以上为等级 A，80～89 分为等级 B，70～79 分为等级 C，60～69 分为等级 D，60 分以下为等级 E。程序运行时输入一个百分制成绩，输出其对应的等级。

源程序：

```
score=eval(input('请输入百分制成绩：'))
if score>=90:
    grade='A'
elif score>=80:
    grade='B'
elif score>=70:
    grade='C'
elif score>=60:
    grade='D'
else:
    grade='E'
print("百分制：{}，等级：{}".format(score,grade))
```

【实验内容】

（1）程序运行时从键盘输入一个圆半径，判断其大于零后，输出圆的面积和周长。

（2）程序运行时从键盘输入一个整数，若是奇数，则输出其平方；若是偶数，则输出其立方。

（3）程序运行时从键盘输入三角形的三条边长，判断其能否构成三角形。若能，则使用海伦公式计算并输出面积，否则输出不是三角形的提示信息。

提示：①构成三角形的条件是任意两边之和大于第三边。②海伦公式：设三角形的三条边长分别为 a,b,c，半周长 p=(a+b+c)/2，面积 s=math.sqrt(p*(p-a)*(p-b)*(p-c))。

（4）程序运行时从键盘输入一个四位的年份，判断这一年是否为闰年并输出结论。闰年的条件是：①能够被 4 整除但不能被 100 整除。②能够被 400 整除。①、②两个条件满足任何一个都是闰年。

（5）分段函数：

$$y=\begin{cases}1 & x>0\\0 & x=0\\-1 & x<0\end{cases}$$

程序运行时从键盘输入 x 值，输出相应的 y 值。

2.4 循环结构程序设计

【实验目的】

掌握 for 语句和 while 语句的格式和用法；掌握 break 语句的用法；掌握两层循环用法。

【实验范例】

【例 2.13】 程序运行时输入一个正整数 n，编程输出 1!+2!+…+n!的值。

源程序：

```
n=eval(input('请输入一个正整数：'))
s=0
f=1
for i in range(1,n+1):
    f*=i
    s+=f
print('{}以内的阶乘和是：{}'.format(n,s))
```

【例 2.14】 编程输出所有的三位水仙花数。水仙花数是指各个位数的立方和与自身相等。例如，$153=1^3+5^3+3^3$，153 是水仙花数。

源程序：

```
print('三位水仙花数：')
for n in range(100,1000):    #遍历所有的三位数
    bw=n//100          #百位
    sw=n%100//10       #十位
    gw=n%10            #个位
    if bw**3+sw**3+gw**3==n:
        print(n)
```

【例 2.15】 求自然数的平方和，直到和大于 10 的 6 次方，输出累加的项数及求和结果。

源程序：

```
s=0                        #累加变量 s 初值为 0
```

```
c=0                    #计数器 c 初值为 0
i=1                    #i 表示自然数序列
while True:
    s+=i*i             #累加自然数平方和
    c=c+1              #计数
    if s>1e6:
        break          #累加和超过 10 的 6 次方就退出循环
    i=i+1
print("累加次数：{}次，累加和：{}".format(c,s))
```

【例 2.16】 输出九九乘法表。

源程序：

```
for i in range(1,10):
    for j in range(1,10):
        print('{}*{}={:2d}'.format(i,j,i*j),end='  ')
    print()    #光标换行
```

【例 2.17】 程序运行时输入一个大于 2 的整数，判断其是否为素数并输出判断结果。

源程序：

```
n=eval(input('请输入一个大于 2 的整数：'))
for i in range(2,n):
    if n%i==0:                          #判断 i 是否是 n 的因子
        print('{}不是素数'.format(n))
        break
else:                                   #注意 else 不缩进，和 for 同列
    print('{}是素数'.format(n))
```

【实验内容】

（1）用循环结构编程输出 10 以内奇数的乘积，以及 10 以内偶数的和。

（2）程序运行时输入一个正整数 n，计算 1!+3!+5!+…+n!并输出运行结果。

（3）计算并输出数列前 30 项的和：s=1+(1+2)+(1+2+3)+(1+2+3+4)+…+(1+2+3+4+…+n)。

（4）计算 $1^2-2^2+3^2-4^2+\cdots+97^2-98^2+99^2$，输出运算结果。

（5）输出 100～200 内的所有素数，输出个数及它们的和。

（6）若一个数恰好等于它的真因子之和，则这个数称为“完数”。例如，6 的因子为 1，2，3，而 6=1+2+3，因此 6 就是“完数”。编程找出 1000 以内的所有完数。

（7）百钱百鸡。鸡翁一，值钱五；鸡母一，值钱三；鸡雏三，值钱一。百钱买百鸡，问翁、母、雏各几何？输出所有可能的方案。

（8）统计不同字符个数。程序运行时输入一行字符，统计并输出其中的英文字符、数字、空格和其他字符的个数。

（9）程序运行时输入两个正整数，输出最大公约数和最小公倍数。例如，6 和 9，最大公约数是 3，最小公倍数是 18。

（10）用“*”输出 3 行直角三角形。

```
*
**
***
```

2.5 列　　表

【实验目的】

掌握列表创建、遍历、编辑等基本用法。

【实验范例】

【例 2.18】 列表的定义与基本操作。

```
>>> lst1=[]                                       #创建空列表
>>> lst2=["python",12,2.71828,[0,0],12]#创建由不同类型元素组成的列表
>>> "python" in lst2                              #True
>>> lst2[3]                                       #索引访问
>>> lst2[1:4]                                     #切片操作
>>> lst2[-4:-1]
>>> len(lst2)                                     #计算列表的长度
>>> lst2.index(12)                                #检索列表元素
>>> lst2.count(12)                                #列表出现元素的次数
>>> lsta=input("请输入一个包含若干整数的列表：")
请输入一个包含若干整数的列表：1,3,5,7,9          #假设输入的值是[1,3,5,7,9]
>>> lsta=eval(lsta)
>>> print(sorted(lsta,reverse=True))
[9, 7, 5, 3, 1]                                   #结果仍然是一个列表
>>> print(list(filter(lambda x:x%2==0,lsta)))
[]                                           #请查阅资料分析为什么结果是空列表
```

【例 2.19】 列表的增加、删除、修改、查找操作。

```
>>> color =["金色","粉红色","棕色", "紫色","西红柿色"]
>>> color[0]="gold"
>>> color[-1]="tomato"
>>> color
>>> color[1:3]=["pink","brown","purple"]
>>> color
```

```
>>> color.append("红色")                    #追加"红色"
>>> color
>>> color.insert(2,"蓝色")
>>> color
>>>color.pop(1)                             #返回并删除列表中序号 1 的元素
>>> color
>>> color.remove('蓝色')                    #删除列表中第一次出现的"蓝色"
>>> color
>>> del color[:3]                           #删除列表中序号 0~2 的元素
>>> color
>>> col=color.copy()                        #通过 copy()方法生成列表
>>> color.clear()                           #清空列表
>>> color
>>> del color                               #删除列表
>>> color
```

【例 2.20】 生成 4 位由字母和数字组成的随机验证码存放到列表中，并输出该列表。

源程序：

```
import random
letters1=["A","B","C","D","E","F","G"] #范围可扩大为 26 个大写字母
letters2=["a","b","c","d","e","f","g"] #范围可扩大为 26 个小写字母
letters3=["1","2","3","4","5","6","7","8","9","0"]
letters=letters1+letters2+letters3
code=""
for i in range(4):
    code+=random.choice(letters)
print(" {}".format(code))
```

【例 2.21】 生成前 10 个斐波那契（Fibonacci）数列，要求将这些整数存入列表 fib 中。

源程序：

```
fib=[1,1]
while len(fib)<=10:
    fib.append(fib[-1]+fib[-2])
print(fib)
```

【例 2.22】 实现温度转换（华氏度和摄氏度之间的转换）。（提示：使用列表存放数据）

源程序：

```
TempStr=input("请输入带有符号的温度值:")
if TempStr[-1] in ["F","f"]:
    C=(eval(TempStr[0:-1])-32)/1.8
```

```
    print("转换后的温度是{:.2f}C".format(C))
elif TempStr[-1] in ["C","c"]:
    F=1.8*eval(TempStr[0:-1])+32
    print("转换后的温度是{:.2f}F".format(F))
else:
    print("输入格式错误")
```

【实验内容】

（1）在由26个大小写字母、9个数字、键盘上常用符号（!、@、#、$、%、&、*、?等）组成的列表中，随机生成8位密码。

（2）使用50～100范围内的任意7个整数创建列表并输出，同时再逆向输出这7个数（不排序）。（提示：使用random.randint()）

2.6 字　　典

【实验目的】

掌握字典创建、遍历、编辑等基本用法。

【实验范例】

【例2.23】 在某关系数据库中存储了某二维表，该二维表记录了学生的基本信息，请使用列表来描述该二维表，列表中的元素（表中的一条记录）使用字典来描述。

```
>>> d=[{"学号":"201901", "姓名":"张三", "成绩":560},
     {"学号":"201902", "姓名":"李四", "成绩":550},
     {"学号":"201903", "姓名":"王二", "成绩":570}]
>>> d
[{'学号': '201901', '姓名': '张三', '成绩': 560}, {'学号': '201902',
'姓名': '李四', '成绩': 550}, {'学号': '201903', '姓名': '王二', '成绩':
570}]
```

【例2.24】 字典的遍历。

源程序：

```
d={"学号":"201901", "姓名":"张三", "成绩":560}
for k in d:
    print("字典的键和值:{}和{} ".format(k,d.get(k)))
```

【例2.25】 创建包含5名学生的入学成绩字典，键值对是姓名：成绩。统计输出：①入学成绩最高的学生信息。②平均成绩。③输入一个学生姓名，输出其入学成绩，若没有该学生，则输出“查无此人”。

源程序：

```
xs={'张三':90,'李四':80,'王二':100,'钱五':70,'刁七':60}
#最高分
cj=list(xs.values())
zgf=max(cj)
print('学生成绩的最高分：',zgf)
#平均分
s=0
for k in xs:                          #k 索引值
    s+=xs.get(k)
    avg=s/len(xs)
print('学生成绩的平均分：',avg)
#查找学生
xs_name=input('学生姓名：')
if xs_name in xs.keys():
    cz=xs.get(xs_name)
    print("学生姓名：{}，成绩：{}".format(xs_name,cz))
else:
    cz=xs.get(xs_name,"查无此人")
    print("学生姓名：{}，{}".format(xs_name,cz))
```

【例 2.26】 用户输入零花钱数额后可以打印出商品列表；允许用户根据商品编号或者商品名称购买商品；用户输入商品名称后检测余额是否足够，如果足够就直接扣款，如果不够就提醒；用户可以一直购买商品，也可以直接退出，退出后打印已购买商品消费金额。

源程序：

```
balance=0
shoplist=[{"商品编号":1,"水果":5},{"商品编号":2,"面包":6},{"商品编号":
3,"牛奶":3},{"商品编号":4,"拖鞋":19},{"商品编号":5,"牛仔裤":100}]
shoplist1,shoplist2,shoplist3=[],[],[]
shopping_cart={}
for i in shoplist:
    k=i
    del k["商品编号"]
    shoplist1.append(k)                          #提取出商品名称和单价
    shoplist2.append(list(k.keys())[0])          #单独提取出商品名称
    shoplist3.append(list(k.values())[0])        #单独提取出商品单价
pocket_money=int(input("请输入您的零花钱金额:"))
print("下面是可供选择的购物菜单:")
print(shoplist)
```

```
print("请输入您准备购买的商品名称:")
while 1:
    want=input("请输入商品名称:")                     #输入商品名称
    if  want in shoplist2:
        p=shoplist2.index(want)
        goods=want
        price=shoplist3[p]
    else:
        print("商品不存在，请重新选择")
        continue
    print("已选商品:",goods, "花费金额:", price)
    quantity=int(input("请输入购买该商品的数量:"))
    if  pocket_money>=quantity*price:
        pocket_money-=quantity*price
        balance+=quantity*price
        shopping_cart[goods]={price:quantity}
    else:
        print("对不起，金额不足")
    print("继续购物或者输入 n 结束购物")
    s=input("继续购物吗（y/n)")
    if s!="n":
        continue
    else:
        break
print("您的消费清单:")
print(shopping_cart)
print("您消费的金额:",balance)
```

【实验内容】

（1）创建 5 个学生的入学成绩字典，键-值对是“学号:[姓名,入学成绩]”。要求：

① 输出平均入学成绩，保留 1 位小数。

② 输出入学成绩最高的学生信息。

③ 输入一个学生的学号，输出其姓名和入学成绩，若没有该学生，则输出“查无此人”。

例如，d={'1':['Tom',598],'2':['Jerry',615],'3':['Mary',600],'4':['Rose',615],'5':['Jhon',576]}。

输出结果类似：

```
平均入学成绩：600.8
最高分：615
Jerry 615
Rose 615
```

```
请输入一个学号：3
Mary 600
```

（2）统计“Simple is better than complex. Complex is better than complicated!”这个句子中的单词词频，创建一个字典。

① 输出单词总数。

② 降序输出前 5 个单词及其词频。（注意单词不区分大小写，complex 和 Complex 算作一个单词）

2.7 组合数据类型综合应用

【实验目的】

巩固列表、字典、元组、集合的用法。

【实验范例】

【例 2.27】 使用 input 函数，输入若干单词，按照字典顺序输出单词（若某个单词出现多次，则只输出一次）。

源程序：

```
lst1=[]
while True:
   word=input("input some words:")
   if word=="0":
      break
   lst1.append(word)
jh=set(lst1)                          #利用集合去掉重复的单词
wl=list(jh)
wl.sort()                             #转换成列表排序
for i in wl:
   print(i)
```

【例 2.28】 使用元组创建一个存储各种字体的对象（假设有宋体、黑体、楷体、隶书、仿宋、微软雅黑），并检测你从键盘输入的字体是否在该元组中。

源程序：

```
tup1=("宋体","黑体","楷体","隶书","仿宋","微软雅黑")
var=input("Enter a font:")
if  var in tup1:
   print("是常用的字体")
else:
```

```
    print("不是常用的字体")
```

【例 2.29】 绘制彩色图形。

源程序：

```
import turtle
turtle.setup(650,350,200,200)
turtle.penup()
turtle.fd(-250)
turtle.pendown()
turtle.pensize(25)
turtle.seth(-40)
for i in range(4):
    x=["yellow","blue","gold","purple"]      #使用列表存放数据
    turtle.pencolor(x[i])
    turtle.circle(40,80)
    turtle.circle(-40,80)
turtle.circle(40,80/2)
turtle.fd(40)
turtle.circle(16,180)
turtle.fd(40*2/3)
turtle.penup()
turtle.color("blue")
turtle.pensize(5)
turtle.goto(-100,50)
turtle.pendown()
turtle.write("使用列表存放颜色",font=("times",18,"bold"))
turtle.done()
```

【例 2.30】 将数据序列[9,10,13,8,11,7]存放在列表中，使用冒泡排序法实现升序排列。

源程序：

```
nums = [9,10,13,8,11,7]              #可修改为使用 input()接收键盘输入的任
                                     何序列
for i in range(len(nums)-1):
    for j in range(len(nums)-i-1):
        if nums[j] > nums[j+1]:
            nums[j], nums[j+1] = nums[j+1], nums[j]
print(nums)
```

【例 2.31】 一组数值存放到列表中并指定待查询数据，使用二分法实现数据的查找。

源程序：

```
list1 = [1,42,3,-7,8,9,-10,5]   #可修改为通过键盘输入一组数值存放到列表中
list1.sort( )                   #二分查找要求被查找的序列是有序的，升序列表
print(list1)
find=eval(input("请输入要查询的数据："))
low = 0
high = len(list1)-1
flag=False
while  low <= high :
    mid = int((low + high) / 2)
    if  list1[mid] == find :
        flag=True
        break
    elif   list1[mid] > find :  #左半边
        high = mid -1
    else :                      #右半边
        low = mid + 1
if  flag==True:
    print("您查找的数据{},是第{}个元素".format(find,mid+1))
else:
    print("没有您要查找的数据")
```

【例 2.32】 使用字典，统计英文句子中的单词出现的次数。

源程序：

```
s='''This path has been placed before you. The choice is yours alone.
Hope is a good thing, maybe the best of things, and no good thing ever
dies.'''
for ch in ",.?!":
    s=s.replace(ch," ")            #标点用空格替换
#利用字典统计词频
words=s.split()
map1={}
for word in words:
    if word in map1:
        map1[word]+=1
    else:
        map1[word]=1
#对统计结果排序
items=list(map1.items( ))          #得到字典键值对列表
items.sort(key=lambda x:x[1],reverse=True)   #按列表第二列的值降序排序
#打印控制
```

```
    for i in items:
        word,n=i
        print("{:<12}{:>5}".format(word,n))
```

【例 2.33】 使用字典，编写简单的登录程序。（提示：依次执行新建、登录、退出功能）

源程序：

```
print("""
|--- 新建用户：N/n ---|
|--- 登录账号：E/e ---|
|--- 退出登录：Q/q ---|
""")
message = {}
flag = 1
while flag:
    order = input("请输入指令代码：")
    if order == 'N' or order == 'n':
        name = input("请输入用户名：")
        while 1:
            #如果有此人的信息
            if name in message:
                name = input("此用户已被使用，请重新输入：")
            #如果没有此人的信息
            if name not in message:
                pw = input("请输入密码：")
                message[name] = [pw]
                break
    elif order == 'E' or order == 'e':
        name = input("请输入用户名：")
        while 1:
            #输入的用户不存在
            if name not in message:
                name = input("用户名不存在，请重新输入：")
            #存在此用户
            if name in message:
                pw = input("请输入密码：")
                while 1:
                    pw = [pw]
                    if message[name] == pw:
                        print('欢迎进入系统！')
                        break
```

```
                else:
                    pw = input("密码错误，请重新输入：")
            break
    elif order == 'Q' or order == 'q':
        print("退出程序")
        flag = 0
    else:
        print("指令错误，请重新输入！")
    print()                                    #换行并优化显示效果
```

【实验内容】

（1）使用列表创建一个存储各种字体的对象（假设有宋体、黑体、楷体、隶书、仿宋、微软雅黑），并检测你从键盘输入的字体是否在该列表中。

（2）中文字符频率统计。编写程序，对给定字符串中全部字符（含中文字符）出现的频率进行分析，并采用降序方式输出。

（3）编写简单的登录程序。用户名或密码错误输入 3 次，退出登录。

2.8 函　　数

【实验目的】

理解函数的作用，掌握函数的定义和调用方法，掌握递归函数用法。

【实验范例】

【例 2.34】 将海伦公式编写为函数，然后求五边形面积，边长 k1～k7 从键盘输入，如图 2-3 所示。

（海伦公式：$p=\dfrac{a+b+c}{2}$，$s=\sqrt{p(p-a)(p-b)(p-c)}$）

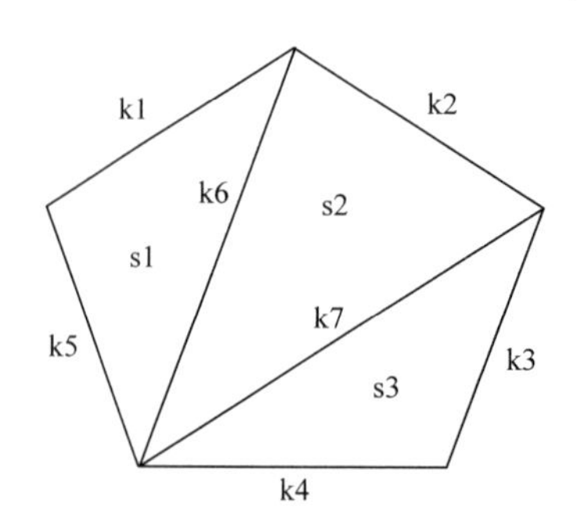

图 2-3　例 2.34

解题思路：求五边形面积可以变成求三个三角形面积之和。由于要计算三次三角形面积，因此将海伦公式定义成函数，然后在主函数中三次调用它，分别得到三个三角形面积，然后将三个三角形面积相加，从而得到五边形面积。

源程序：

```
from math import *
def ts(a,b,c):
    s=(a+b+c)/2
    s=sqrt(s*(s-a)*(s-b)*(s-c))
    return s
def main():
    k1,k2,k3,k4,k5,k6,k7=eval(input("please input k1,k2,k3,k4,k5,k6,
k7:"))
    s=ts(k1,k5,k6)+ts(k2,k6,k7)+ts(k3,k4,k7)
    print("五边形面积为：",s)
main()
```

程序运行结果如下：

```
please input k1,k2,k3,k4,k5,k6,k7:3,4,5,3,6,5,7
五边形面积为： 23.776464273063883
```

【例 2.35】 编写一个加减乘除运算的小系统，当输入为 0 时退出，用函数实现各项功能。

解题思路：

（1）编写 4 个函数分别实现加法、减法、乘法、除法。

（2）在主函数中根据输入的不同值，利用 if 语句分情况调用 4 个函数。

源程序：

```
def add(x,y):
    return x+y
def sub(x,y):
    return x-y
def mul(x,y):
    return x*y
def div(x,y):
    return x/y
while True:
    n=input("请选择运算法则，1-加法 2-减法 3-乘法 4-除法 0-退出 ")
x=eval(input("请输入第一个数："))
    y=eval(input("请输入第二个数："))
    if n=="1":
```

```
        add(x,y)
        print("{}+{}={}".format(x,y,x+y))
    elif n=="2":
        sub(x,y)
        print("{}-{}={}".format(x,y,x-y))
    elif n=="3":
        mul(x,y)
        print("{}*{}={}".format(x,y,x*y))
    elif n=="4":
        div(x,y)
        print("{}/{}={}".format(x,y,x/y))
    else:
        print("结束任务！")
        break
```

【实验内容】

（1）编写程序，利用泰勒级数 $\sin x \approx x - \frac{x^3}{3!} + \frac{x^5}{5!} - \frac{x^7}{7!} + \frac{x^9}{9!} - \cdots$，计算 sin x 的值。要求最后一项的绝对值小于 10^{-5}，并统计此时累加了多少项。

（2）若斐波那契数列的第 n 项记为 fib(a,b,n)，则有如下的递归定义：

fib(a,b,1)=a　　fib(a,b,2)=b　　fib(a,b,n)=fib(b,a+b,n−1)　（n>2）

用递归方法求 5000 以内最大的一项。

（3）编写判断素数函数 fun(n)，调用该函数输出 100～200 内所有素数。

（4）请编写一个函数 fun(s)，函数的功能是：将主函数中输入的字符串 s 反序存放。例如，若输入字符串"abcdefg"，则应输出"gfedcba"。

（5）某公司传递数据，该数据在传递过程中是加密的。加密规则如下：每个数据是四位整数，用每位数字都加上 5 再除以 10 的余数代替该位数字，再将第一位数字和第四位数字交换，第二位数字和第三位数字交换。编写加密函数。

2.9 常用标准库的应用

【实验目的】

掌握利用 turtle 库绘制简单图形的方法，掌握利用 random 库在程序中使用随机数的方法。

【实验范例】

【例 2.36】 使用 turtle 库的 turtle.forward()函数和 turtle.seth()函数绘制一个边长为

200 像素的正方形，效果如图 2-4 所示。

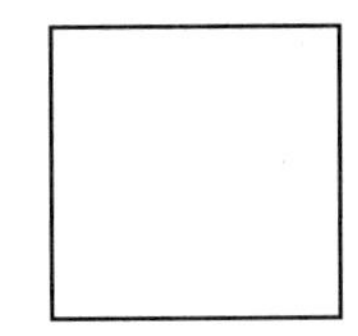

图 2-4　正方形

解题思路：鉴于正方形的规则性，采用循环方式绘制正方形的四条边。

源程序：

```
import turtle
k = 0
for x in range(4):
    turtle.forward(200)
    k = k + 90
    turtle.seth(k)
```

【例 2.37】　使用 turtle 库的 turtle.circle()函数和 turtle.left()函数绘制一个四瓣花形状，效果如图 2-5 所示。

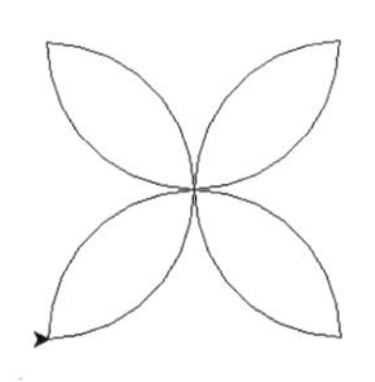

图 2-5　四瓣花

解题思路：鉴于该形状的规则性，采用画四个半圆的方法形成四瓣花形状。

源程序：

```
import turtle as t
for i in range(4):
    t.circle(100,180)
    t.left(90)
```

【例 2.38】　使用 random 库的 random.seed()函数和 random.randint()函数，以 100 为随机数种子，随机生成 10 个 1 到 999（含）之间的随机数，随机数结果存放到一个列表中。

代码如下：

```
import random
list1 = []
random.seed(100)
```

```
    for i in range(10):
        k = random.randint(1,1000)
        list1.append(k)
    print("随机数结果为{}。".format(list1))
```

【实验内容】

（1）使用 turtle 库的 turtle.forward()函数和 turtle.left()函数绘制一个边长为 200 像素的六边形，六边形的每个内角为 120°，效果如图 2-6 所示。

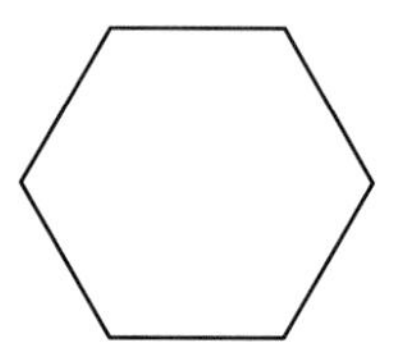

图 2-6　正六边形

（2）使用 turtle 库的 turtle.forward()函数和 turtle.left()函数绘制一个五角星形状，编号为 1、2、3、4、5 的每个内角为 36°，效果如图 2-7 所示。

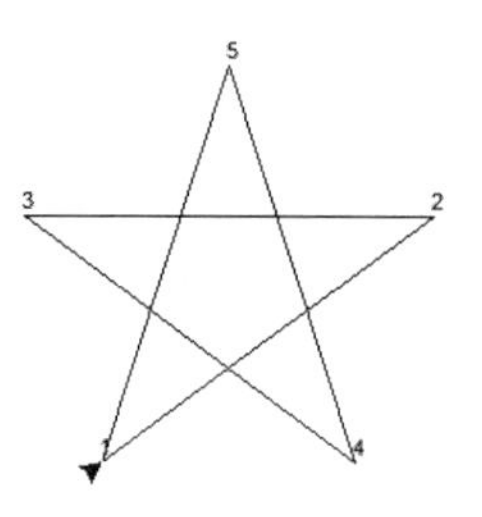

图 2-7　五角星

（3）使用 random 库的 random.seed()函数和 random.randint()函数，以 10 为随机数种子，随机生成 10 个 1 到 99（含）之间的随机数，找出其中的最大值、最小值和平均值。

2.10　jieba 库应用

【实验目的】

掌握 jieba 库中常用的分词函数。

【实验范例】

变量 s 中存有中文字符串“中国特色社会主义进入新时代，我国社会主要矛盾已经转化为人民日益增长的美好生活需要和不平衡不充分的发展之间的矛盾”，利用 jieba 库已有函数计算字符串 s 中的中文词语个数。

解题思路：

jieba 库的分词原理是利用一个中文词库，将待分词的内容与分词词库进行比对，通过图结构和动态规划方法找到最大概率的词组。jieba 库支持 3 种分词模式：精确模式、全模式和搜索引擎模式。

源程序：

```
import jieba
s = "中国特色社会主义进入新时代，我国社会主要矛盾已经转化为人民日益增长的美好生活需要和不平衡不充分的发展之间的矛盾"
m = jieba.lcut(s)
n = len(m)
print(m)
print("中文词语数为{}。".format(n))
```

【实验内容】

变量 s 中存有一句话“新冠肺炎疫情来势汹汹，正在全球快速蔓延，已经成为一场全球性的重大突发公共卫生事件。疫情不仅给许多国家人民的生命安全和身体健康带来严重威胁，也给世界经济发展带来重大风险，给全球公共卫生治理体系和联合国可持续发展目标带来严峻挑战。习近平主席指出：‘新冠肺炎疫情的发生再次表明，人类是一个休戚与共的命运共同体。’今天，人类生活在同一个地球村，你中有我，我中有你。没有哪一个国家能够独自应对像新冠肺炎疫情这样的重大挑战，也没有哪一个国家能够退回到自我封闭的孤岛。当前，国际社会最需要的是坚定信心、齐心协力、团结应对，维护人类共同的家园”，利用 jieba 库已有函数计算字符串 s 中每个中文词语出现的次数。

解题思路：

（1）利用 jieba.lcut()函数对字符串进行分词，分词结果存入列表中。

（2）“统计元素次数”问题非常适合采用字典数据类型表达，即构成“元素：次数”的键值对。因此，可将上一步生成的列表当作数据源，构造字典表达统计过程。

（3）若创建空字典变量 d，则利用“d[键]=值”方式为字典增加或修改键值对变量，使用代码 d[word] = d.get(word,0) + 1 进行元素统计。

2.11 文件、面向对象编程

【实验目的】

掌握文件读、写等基本操作，掌握面向对象编程的基本方法。

【实验范例】

【例 2.39】 1949 年 4 月 23 日，中国人民解放军午夜解放南京，毛泽东同志在清晨获得消息后写下《七律·人民解放军占领南京》，全文如下："钟山风雨起苍黄，百万雄师过大江。虎踞龙盘今胜昔，天翻地覆慨而慷。宜将剩勇追穷寇，不可沽名学霸王。天若有情天亦老，人间正道是沧桑。"请编写程序，以标点符号（逗号和句号）为分隔符，将文章拆分为 8 段文本，每段一行，输出到文件"七律.txt"中。效果如图 2-7 所示。

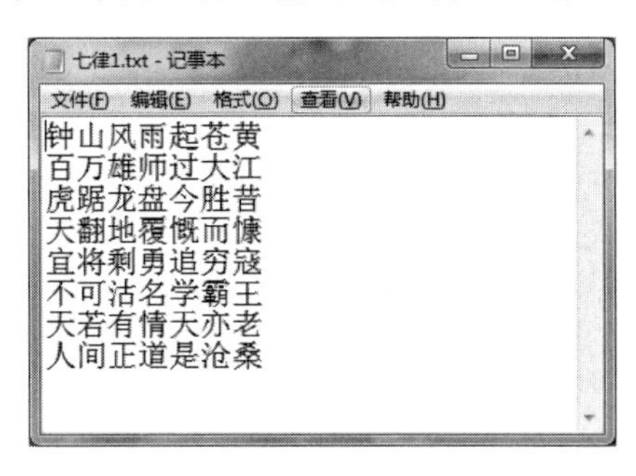

图 2-8　文本文件内容

解题思路 1：

使用 open()方法创建一个文件对象，然后调用 write(s)方法把字符串 s 中的内容写入文件中。

源程序：

```
s = "钟山风雨起苍黄，百万雄师过大江。虎踞龙盘今胜昔，天翻地覆慨而慷。宜将剩勇追穷寇，不可沽名学霸王。天若有情天亦老，人间正道是沧桑。"
lines = ""
for i in range(0,len(s),8):
      lines += s[i:i+7] + "\n"
print(lines)
fo = open("七律.txt","w")
fo.write(lines)
fo.close()
```

解题思路 2：

使用 open()方法创建一个文件对象，然后调用 writelines(字符串元素的列表)方法，其功能是在文件当前位置处一次写入列表中的所有字符串。writelines()方法接收字符串列表作为参数，将它们写入文件，不会自动加入换行符。若有需要，则需在每一行字符串结尾加上换行符。

源程序：

```
s = "钟山风雨起苍黄，百万雄师过大江。\
虎踞龙盘今胜昔，天翻地覆慨而慷。\
宜将剩勇追穷寇，不可沽名学霸王。\
天若有情天亦老，人间正道是沧桑。"
s1 = s.replace("。",", ")
```

```
s2 = s1.replace("，","\n#")
lines = s2.split("#")
print(lines)
fo = open("七律.txt","w")
fo.writelines(lines)
fo.close()
```

【例 2.40】 创建一个学生类 Student，其包含 3 种方法：①构造方法，有 self、id、name、score 四个参数，其中 score 是个列表，有 3 科成绩。②showScore()用于显示姓名和三科成绩。③getTotalScore()用于计算三科总分。用类创建对象 stu1，调用 showScore()方法显示信息，调用 getTotalScore()方法计算总分，然后输出其总分。

源程序：

```
class Student:
    def __init__(self,id,name,score):
        self.id=id
        self.name=name
        self.score=score
    def showScore(self):
        print(self.name,':',self.score)
    def getTotalScore(self):
        return sum(self.score)
stu1=Student('101','Jerry',[80,90,90])
stu1.showScore()
results=stu1.getTotalScore()
print('总分：',results)
```

程序运行结果：

```
Jerry : [80, 90, 90]
总分： 260
```

【实验内容】

（1）现有一文本文件“蒹葭.txt”，里面存有文本内容“蒹葭苍苍，白露为霜。所谓伊人，在水一方。溯洄从之，道阻且长。溯游从之，宛在水中央。蒹葭萋萋，白露未晞。所谓伊人，在水之湄。溯洄从之，道阻且跻。溯游从之，宛在水中坻。蒹葭采采，白露未已。所谓伊人，在水之涘。溯洄从之，道阻且右。溯游从之，宛在水中沚。”编写程序统计文本文件中“人”和“水”出现的次数，用 readline()方法读取文本文件中的内容。

（2）创建一个学生类 Student，其包含 2 种方法：①构造方法，有 self、name、age、grade 四个参数。②displaystudent()用于显示姓名、年龄和成绩。用类创建对象 stu1，调用 displaystudent()方法显示学生的相关信息。

2.12 numpy 库

【实验目的】

掌握 numpy 数组基本用法。

【实验范例】

【例 2.41】 分别用元组、列表、arange()函数、linspace()函数创建 numpy 数组并输出。

```
>>>import numpy as np
>>>a1=np.array((1,2,3))              #基于元组
>>>l1=[100,200,300,400]
>>>a2=np.array(l1)                   #基于列表
>>>a1,a2
(array([1, 2, 3]), array([100, 200, 300, 400]))
>>>l2=[[1,2,3],[4,5,6]]
>>>a3=np.array(l2)
>>>a3
array([[1, 2, 3],[4, 5, 6]])
>>>a4=np.arange(0.1,1,0.1)           #与 range()函数用法类似
>>>a4
array([0.1, 0.2, 0.3, 0.4, 0.5, 0.6, 0.7, 0.8, 0.9])
>>>a5=np.linspace(1,6,5)             #初值 1，终值 6，5 个元素，等间距
>>>a5
array([1.  , 2.25, 3.5 , 4.75, 6.  ])
```

【例 2.42】 已知两个 3 阶矩阵 a 和 b，求两个矩阵的算术和、算术乘积及矩阵乘法。

```
>>>import numpy as np
>>>a=np.array([[1,1,1],[2,2,2],[3,3,3]])
>>>b=np.array([[1,2,3],[4,5,6],[7,8,9]])
>>>a
array([[1, 1, 1],
       [2, 2, 2],
       [3, 3, 3]])
>>>b
array([[1, 2, 3],
       [4, 5, 6],
       [7, 8, 9]])
>>>a+b
```

```
array([[ 2,  3,  4],
       [ 6,  7,  8],
       [10, 11, 12]])
>>>a*b                          #矩阵算术乘法，对应元素运算
array([[ 1,  2,  3],
       [ 8, 10, 12],
       [21, 24, 27]])
>>>np.dot(a,b)                  #矩阵乘法
array([[12, 15, 18],
       [24, 30, 36],
       [36, 45, 54]])
```

【例 2.43】 numpy 数组的基本统计分析函数示例。

```
>>>import numpy as np
>>>x=np.array([[1,2,3],[4,5,6],[7,8,9]])
>>>x
array([[1, 2, 3],
       [4, 5, 6],
       [7, 8, 9]])
>>>x.sum()                      #求和
45
>>>x.sum(axis=0)                #列向求和
array([12, 15, 18])
>>>x.sum(axis=1)                #行向求和
array([ 6, 15, 24])
>>>x.mean()                     #求均值
5.0
>>>x..mean(axis=1)              #行向求均值
array([2., 5., 8.])
>>> x.max()
9
>>> x.min()
1
>>>x.max(axis=0)                #列向求最大值
array([7, 8, 9])
>>>x.max(axis=1)                #行向求最大值
array([3, 6, 9])
```

【实验内容】

（1）创建一个 3 阶矩阵 A，练习索引和切片操作。

```
>>>import numpy as np
>>>A=np.array([[1,2,3],[4,5,6],[7,8,9]])
```

① 显示 A[1,2]、A[0,1]、A[2,0]。

② 显示第 0 行所有元素。

③ 显示第 1 列所有元素。

④ 显示第 1 行第 1、2 列数据。

⑤ 显示第 0、1 行第 1、2 列数据。

（2）numpy 库中 linalg 模块是专门用于线性代数的，自己查阅相关资料，并结合线性代数课程的基本习题进行练习（行列式、逆矩阵、求特征值、特征向量等）。

（3）numpy 库中提供了与多项式有关的若干函数，自己查阅相关资料，并结合线性代数课程的基本习题进行练习（创建多项式、求解多项式、求导数、求积分等）。

2.13 pandas 库

【实验目的】

掌握 pandas DataFrame 对象的基本用法，掌握从 Excel 表格导入数据并进行统计分析的方法。

【实验范例】

【例 2.44】 从当前默认文件夹中读取 Excel 表格文件 chj.xlsx 的数据，练习 DataFrame 对象的显示、编辑等操作。chj.xlsx 如图 2-9 所示。

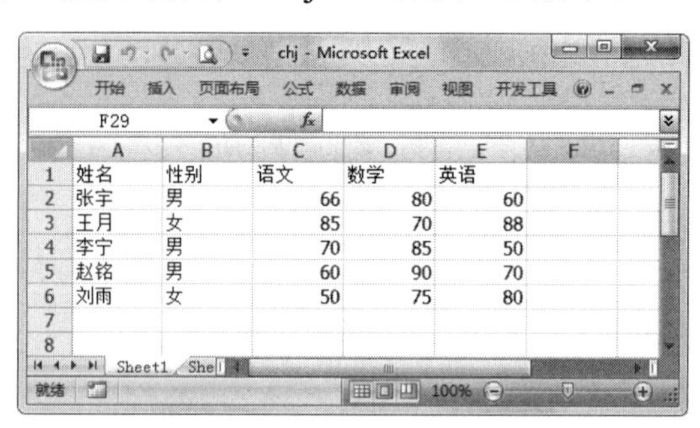

图 2-9 Excel 表格文件 chj.xlsx

```
>>>import pandas as pd
>>>df=pd.read_excel('chj.xlsx')#默认读取 chj.xlsx 表格文件 sheet1 的数据
>>>print(df)
   姓名 性别  语文  数学  英语
0  张宇  男   66   80   60
1  王月  女   85   70   88
```

```
2  李宁  男   70    85    50
3  赵铭  男   60    90    70
4  刘雨  女   50    75    80
>>> df.index          #查看行索引
RangeIndex(start=0, stop=5, step=1)
>>> df.columns        #查看列索引
Index(['姓名', '性别', '语文', '数学', '英语'], dtype='object')
>>> df.head(2)        #显示前两行
>>> df.tail(2)        #显示最后两行
>>> df.语文            #或者 df['语文'], 显示语文列数据
>>> df[['姓名','语文']]  #显示姓名、语文两列数据，注意多个列索引用中括号括起
>>> df.loc[0]         #或者 df.loc[[0]], 显示第 0 行数据
>>> df.loc[[1,3]]     #显示第 1 行和第 3 行数据，注意多个行索引用中括号括起
   姓名 性别  语文  数学  英语
1  王月  女   85    70    88
3  赵铭  男   60    90    70
>>> df.loc[:,['姓名','英语']]  #显示数据区域。逗号分隔两项，左边代表行，右
                               边代表列
   姓名  英语
0  张宇  60
1  王月  88
2  李宁  50
3  赵铭  70
4  刘雨  80
>>> df.loc[[1,3],['姓名','英语']]     #用行索引、列索引切片
   姓名  英语
1  王月  88
3  赵铭  70
>>> df.iloc[[1,3],[0,4]]             #用行号、列号切片
   姓名  英语
1  王月  88
3  赵铭  70
>>> df.iloc[1:3,0:3]                 #显示第 1、2 行，第 0、1、2 列数据
   姓名 性别  语文
1  王月  女   85
2  李宁  男   70
>>> df.iloc[3,0]                     #显示第 3 行第 0 列单元格数据
'赵铭'
>>> dv=df.values                     #得到所有值的数组
>>> dv
array([['张宇', '男', 66, 80, 60],
       ['王月', '女', 85, 70, 88],
       ['李宁', '男', 70, 85, 50],
       ['赵铭', '男', 60, 90, 70],
```

```
      ['刘雨', '女', 50, 75, 80]], dtype=object)
>>> cj=dv[:,2:]              #得到每个学生的成绩数组
>>> zf=cj.sum(axis=1)        #计算每个学生的三门课程的总分
>>> zf
array([206, 243, 205, 220, 205], dtype=object)
>>> df['总分']=zf             #为 DataFrame 对象增加一列总分
>>> df
   姓名 性别  语文   数学   英语    总分
0  张宇  男   66    80    60     206
1  王月  女   85    70    88     243
2  李宁  男   70    85    50     205
3  赵铭  男   60    90    70     220
4  刘雨  女   50    75    80     205
```

【例 2.45】 从当前默认文件夹中读取表格文件 chj.xlsx 的数据，练习 DataFrame 对象的排序、检索、统计分析等操作。chj.xlsx 如图 2-8 所示。

```
>>>import pandas as pd
>>>df=pd.read_excel('chj.xlsx')#默认读取 chj.xlsx 表格文件 sheet1 的数据
>>>df.sort_index()                        #按索引列升序排序
   姓名 性别  语文   数学   英语
0  张宇  男   66    80    60
1  王月  女   85    70    88
2  李宁  男   70    85    50
3  赵铭  男   60    90    70
4  刘雨  女   50    75    80
>>> df.sort_index(ascending=False) #按索引列降序排序
   姓名 性别  语文   数学   英语
4  刘雨  女   50    75    80
3  赵铭  男   60    90    70
2  李宁  男   70    85    50
1  王月  女   85    70    88
0  张宇  男   66    80    60
>>>df.sort_values(by='数学')              #按数学列的值升序排序
   姓名 性别  语文   数学   英语
1  王月  女   85    70    88
4  刘雨  女   50    75    80
0  张宇  男   66    80    60
2  李宁  男   70    85    50
3  赵铭  男   60    90    70
>>>df.sort_values(by='数学',ascending=False) #按数学列的值降序排序
   姓名 性别  语文   数学   英语
3  赵铭  男   60    90    70
2  李宁  男   70    85    50
0  张宇  男   66    80    60
```

```
4  刘雨  女   50    75    80
1  王月  女   85    70    88
>>>df[df.数学>=80]                          #显示数学列大于等于 80 的数据
   姓名 性别  语文  数学  英语
0  张宇  男   66    80    60
2  李宁  男   70    85    50
3  赵铭  男   60    90    70
>>>df.mean()                                #求各科均值
语文    66.2
数学    80.0
英语    69.6
dtype: float64
   >>>round(df.mean(1),1)                   #横向求均值，保留一位小数
0    68.7
1    81.0
2    68.3
3    73.3
4    68.3
dtype: float64
>>> df['性别'].value_counts()               #按性别列统计人数
男    3
女    2
Name: 性别, dtype: int64
>>> df.groupby('性别').mean()               #统计男女生各科平均分
性别      语文       数学     英语
女    67.500000  72.5    84.0
男    65.333333  85.0    60.0
>>> df.groupby('性别').max()                #统计男女生各科最高分
性别  姓名  语文  数学  英语
女    王月  85    75    88
男    赵铭  70    90    70
```

【实验内容】

（1）从当前文件夹中读取表格文件 chj.xlsx 的数据，计算并输出男女生的总平均分。chj.xlsx 如图 2-8 所示。

（2）从当前文件夹中读取表格文件 chj.xlsx 的数据，计算并输出语文成绩各分数段人数。分数段划分：85 分以上，70～84 分，60～69 分，60 分以下。chj.xlsx 如图 2-8 所示。

（3）从当前文件夹中读取表格文件 chj.xlsx 的数据，增加一列“总分”，计算并添加总分数据，按总分降序输出全部数据。

2.14 matplotlib 库

【实验目的】

掌握 matplotlib 库 pyplot 模块的基本用法，熟悉折线图、条形图和饼图的绘制方法。

【实验范例】

【例 2.46】 绘制正弦曲线 sin(x)和余弦曲线 cos(x)，x 取值范围[0,2π]。

源程序：

```
import matplotlib.pyplot as plt
import numpy as np
x=np.arange(0,np.pi*2,0.01)                                      #x 轴数据
y=np.sin(x)                                                      #y 轴数据
z=np.cos(x)
plt.plot(x,y,"g-",x,z,"r--",linewidth=2.0)                       #绘制曲线
plt.xlabel("x")                                                  #x 轴文字
plt.ylabel("y")                                                  #y 轴文字
plt.ylim(-1,1)                                                   #y 轴范围
plt.title("sin(x)&cos(x)")                                       #图表标题
plt.legend(["sin(x)","cos(x)"],loc="upper right")                #图表图例
plt.grid(True)                                                   #设置网格线
plt.show()                                                       #显示图形
```

运行结果如图 2-10 所示。

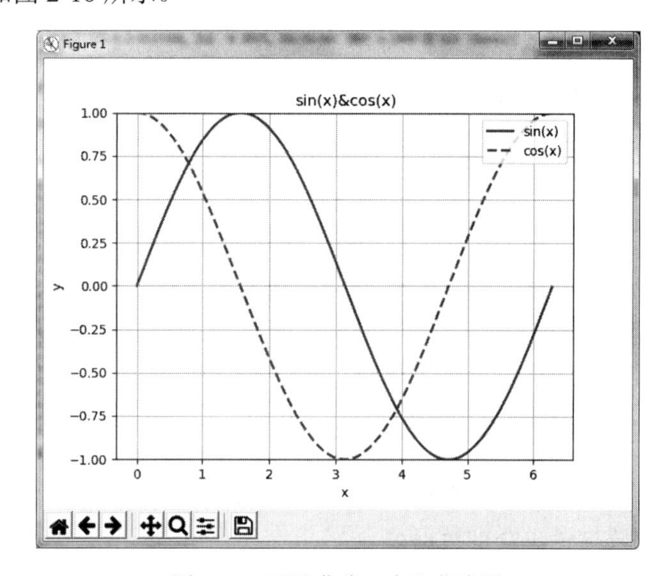

图 2-10 正弦曲线、余弦曲线图

【例 2.47】 基于男孩 12 年身高数据，绘制折线图直观地显示其身高增长变化。

源程序：

```
import matplotlib.pyplot as plt
plt.rcParams['font.sans-serif']=['SimHei']          #设置中文字体黑体
year=list(range(2007,2019))                          #年份 2007-2018
h=[145,155,160,168,176,181,182,183,185,185,187,187]    #身高
plt.title("身高变化")                                 #图表标题
plt.plot(year,h,label='身高(厘米)',linewidth=2,color='green',marker='*',
         markerfacecolor='red',markersize=10)         #画图
plt.xlabel('年')                                      #x 轴文字标签
plt.ylabel('身高')                                    #y 轴文字标签
plt.xticks(year)                                      #设置 x 轴刻度
# 显示标记点数据
for x,y in zip(year,h):
   plt.text(x,y+1,y,ha='center',va='bottom',fontsize=10)
plt.legend()                                          #显示图例
plt.show()
```

运行结果如图 2-11 所示。

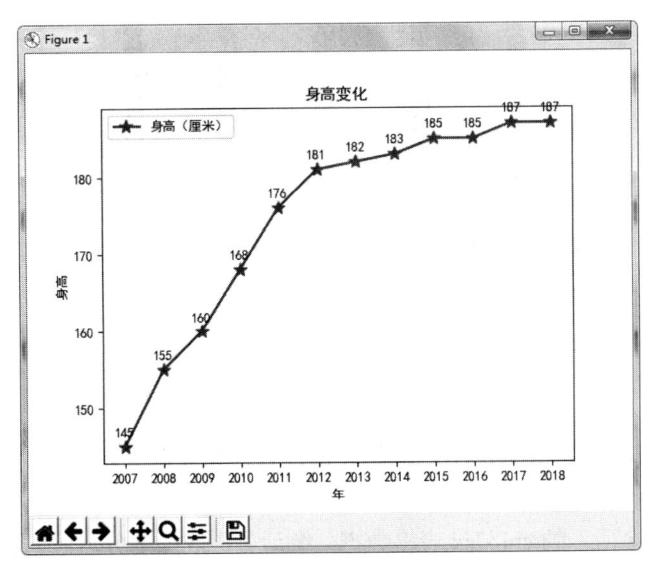

图 2-11 折线图

【例 2.48】 基于图 2-8 所示的 chj.xlsx 表格数据，绘制条形图直观地显示学生数学成绩的高低。

源程序：

```
import pandas as pd
```

```
import matplotlib
import matplotlib.pyplot as plt
matplotlib.rcParams['font.sans-serif']=['SimHei']  #设置中文字体黑体
df = pd.read_excel('chj.xlsx')
x=df.姓名                    #x 存放姓名列的数据
y=df.数学                    #y 存放每个学生的数学成绩
plt.bar(x,y,width=0.2)       #画条形图
plt.xlabel("姓名")           #x 轴文字标签
plt.ylabel("成绩")           #y 轴文字标签
plt.title("数学成绩")        #图表标题
plt.show()
```

运行结果如图 2-12 所示。

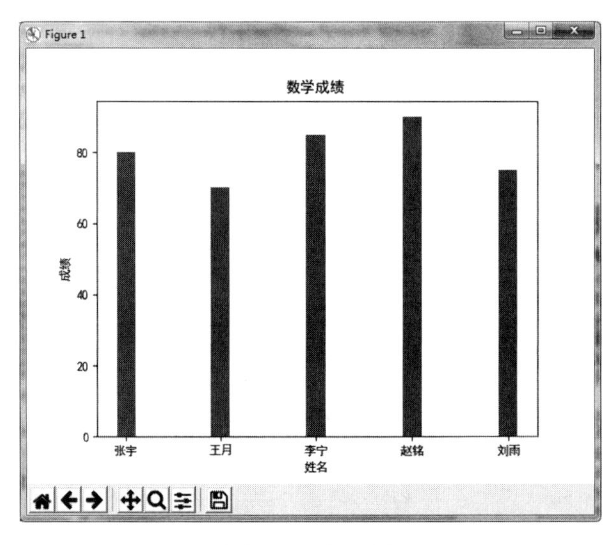

图 2-12　条形图

【实验内容】

（1）基于图 2-8 所示的 chj.xlsx 表格数据，计算每个学生的三科总分，绘制条形图直观地显示学生总分的高低。

（2）基于图 2-8 所示的 chj.xlsx 表格数据，统计英语成绩各分数段人数，画饼图直观地显示各分数段人数占总人数的百分比。分数段划分：85 分以上，60～84 分，60 分以下。

第3章　习题与参考答案

3.1　习　　题

一、单项选择题

1. 关于 Python 语言的特点，以下选项描述错误的是（　　）。
   A. Python 语言是脚本语言　　　B. Python 语言是非开源语言
   C. Python 语言是跨平台语言　　D. Python 语言是解释型语言
2. 以下选项中，不是 Python 语言特点的是（　　）。
   A. 强制可读：Python 语言通过强制缩进来体现语句间的逻辑关系
   B. 变量声明：Python 语言具有变量需要先定义后使用的特点
   C. 平台无关：Python 程序可以在任何安装了解释器的操作系统环境中执行
   D. 黏性扩展：Python 语言能够集成 C、C++等语言编写的代码
3. 以下关于 Python 赋值的说法，错误的是（　　）。
   A. Python 的标识符大小写不敏感
   B. Python 中同一变量名在不同位置可以被赋予不同类型的值
   C. Python 中不需要显式声明该变量的类型，根据“值”确定类型
   D. Python 支持链式赋值（x=y=1）和多重赋值（x，y = 1，2）
4. Python 程序文件的扩展名为（　　）。
   A. .python　　B. .py　　C. .pyc　　D. .js
5. 以下选项中，不是 Python 语言保留字的是（　　）。
   A. for　　B. while　　C. continue　　D. goto
6. 以下选项中，不是 Python 语言保留字的是（　　）。
   A. while　　B. except　　C. do　　D. pass
7. 以下选项中，Python 语言中代码注释使用的符号是（　　）。
   A. //　　B. /*……*/　　C. #　　D. "……"
8. 关于 Python 语言的注释，以下选项描述错误的是（　　）。
   A. Python 语言有两种注释方式：单行注释和多行注释
   B. Python 语言的单行注释以#开头
   C. Python 语言的单行注释以单引号 ' 开头和结尾
   D. Python 语言的多行注释以'''（三引号）开头和结尾
9. 关于 Python 语言的注释，以下选项描述错误的是（　　）。

A. Python 注释语句不被解释器过滤掉，也不被执行
B. 注释语句可用于标明作者和版权信息
C. 注释语句可用于解释代码原理或用途
D. 注释语句可以辅助程序调试

10. 在一行上写多条 Python 语句使用的符号是（　　）。
A. 分号　　B. 冒号　　C. 逗号　　D. 圆点

11. 关于 Python 程序格式框架的描述，以下选项中错误的是（　　）。
A. Python 语言不采用严格的“缩进”来表明程序格式框架
B. Python 语言多层缩进代码根据缩进关系决定所属范围
C. Python 语言的“缩进”可以采用 Tab 键实现
D. 判断、循环、函数等语法形式能够通过缩进包含一批 Python 代码，进而表达与之对应的层次关系

12. Python 程序中与“缩进”有关的说法，以下选项中正确的是（　　）。
A. 缩进统一为 4 个空格
B. 缩进是非强制性的，仅为提高代码的可读性
C. 同一层代码的缩进长度统一且强制使用
D. 缩进可以用在任何语句之后，表示语句间的包含关系

13. 以下选项中，符合 Python 语言变量命名规则的是（　　）。
A. TempStr　　B. *p　　C. 0.1_m　　D. sum!

14. 以下选项中，不符合 Python 语言变量命名规则的是（　　）。
A. key_3　　B. key3_　　C. 3_key　　D. _3key

15. 下列由用户定义的标识符，合法的是（　　）。
A. i'm　　B. _　　C. 3Q　　D. for

16. 以下哪一个是 Python 合法的标识符？（　　）
A. stu_name　　B. stu-name　　C. 2name　　D. *name

17. 以下哪一个是 Python 合法的变量名？（　　）
A. main()　　B. car2　　C. 2car　　D. Var-name

18. 关于 Python 内存管理，下列说法错误的是（　　）。
A. 变量在使用前不必事先声明
B. 变量无须先创建或赋值，可以直接使用
C. 变量无须在使用前指定其数据类型
D. 可以使用 del 删除变量并释放内存资源

19. 关于 Python 语言的变量，以下选项中说法不正确的是（　　）。
A. 在程序运行过程中，可以随着程序的运行而改变的数据对象称为变量
B. 高级语言中的变量具有变量名、变量值和变量地址三个属性
C. 变量名并不是对内存地址的引用，而是对数据的引用
D. 变量 m 的初始值是 123，重新赋值为 456，m 所指向的内存单元地址不变

20. 关于 import 引用，以下选项描述错误的是（　　）。
    A. import 保留字用于导入模块或者模块中的对象
    B. 使用 import turtle 可以导入 turtle 库
    C. 可以使用 from turtle import setup 导入 turtle 库
    D. 使用 import turtle as t 导入 turtle 库，取别名为 t
21. 下列哪个语句在 Python 中是非法的？（　　）
    A. x = y = z = 1　　　　B. x = (y = z + 1)
    C. x , y = y , x　　　　D. x += y
22. 已知 x = 2，语句 x *= 5 执行后，x 的值是（　　）。
    A. 2　　B. 5　　C. 7　　D. 10
23. 已知 x=2;y=3,复合赋值语句 x *= y+5 执行后，x 变量中的值是（　　）。
    A. 11　　B. 13　　C. 16　　D. 26
24. 关于赋值语句，以下选项描述错误的是（　　）。
    A. 在 Python 语言中，“=”表示赋值，即将“=”右侧的计算结果赋值给“=”左侧的变量
    B. 在 Python 语言中，有一种赋值语句可以同时给多个变量赋值
    C. 在 Python 语言中，执行“x,y = y,x”语句，可以实现变量 x 值和 y 值的互换
    D. 设 a = 10;b = 20，执行“a,b = a,a+b;print(a,b)”语句输出结果是：20 40
25. 以下哪个不是 Python 的关键字？（　　）
    A. list　　B. from　　C. def　　D. as
26. 以下选项中，用于获取用户输入的函数是（　　）。
    A. get()　　B. eval()　　C. input()　　D. print()
27. 整型变量 x 中存放了一个两位数，要将这个两位数的个位数字和十位数字交换位置，如 25 变成 52，正确的 Python 表达式为（　　）。
    A. (x % 10) * 10 + x // 10　　　　B. (x % 10)//10 + x // 10
    C. (x / 10)% 10 + x // 10　　　　D. (x % 10) * 10 + x % 10
28. 以下选项中，表达式的计算结果是 3（或 3.0）的选项是（　　）。
    A. 9 // 2 – 1.5　　B. 1 / 2 + 2.5　　C. 35 % 10　　D. ord('E') – ord('A')
29. 以下选项中，输出结果是 False 的是（　　）。
    A. 5 is 5　　B. 5 is not 4　　C. 5 != 4　　D. False != 0
30. 关于 Python 语言数值操作符，以下选项描述错误的是（　　）。
    A. x/y 表示 x 与 y 之商
    B. x//y 表示 x 与 y 之整数商，即不大于 x 与 y 之商的最大整数
    C. x**y 表示 x 的 y 次幂，其中 y 必须是整数
    D. x%y 表示 x 与 y 之商的余数，也称为模运算
31. Python 中，sum(range(10))的值为（　　）。
    A. 45　　B. 50　　C. 55　　D. 65

32. 以下选项中，不是 Python 数据类型的是（　　）。

A. 实数　　B. 整数　　C. 字符串　　D. 列表

33. Python 语言提供的 3 个基本数字类型是 （　　）。

A. 整数类型、二进制类型、浮点数类型

B. 整数类型、浮点数类型、复数类型

C. 整数类型、十进制类型、浮点数类型

D. 十进制类型、二进制类型、十六进制类型

34. 关于 Python 数字类型，以下选项描述错误的是（　　）。

A. Python 语言中提供整数类型、浮点数类型、复数类型等数字类型

B. Python 整数类型提供了 4 种进制表示：十进制、二进制、八进制和十六进制

C. Python 语言要求所有浮点数必须带有小数部分

D. Python 语言中，复数类型中实数部分和虚数部分的数值可以是整数类型

35. 关于 Python 的复数类型，以下选项描述错误的是（　　）。

A. 复数类型表示数学中的复数

B. 复数的虚数部分通过后缀“J”或者“j”来表示

C. 对于复数 z，可以用 z.real 获得它的实数部分

D. 对于复数 z，可以用 z.imag 获得它的实数部分

36. 以下选项中，属于 Python 语言中合法的二进制整数是（　　）。

A. 0b1708　　B. 0B1010　　C. 0B1019　　D. 0bC3F

37. 关于 Python 语言的浮点数类型，以下选项描述错误的是（　　）。

A. 浮点数类型有十进制小数形式及指数形式两种表示形式

B. 浮点数类型表示带有小数的数值类型

C. Python 语言要求所有浮点数必须带有小数部分

D. 小数部分不可以为 0

38. 关于 Python 的数字类型，以下选项描述错误的是 （　　）。

A. 1.0 是浮点数，不是整数

B. 复数类型虚部为 0 时，表示为 1+0j

C. 整数类型的数值一定不会出现小数点

D. 浮点数也有十进制、二进制、八进制和十六进制等表示方式

39. 关于 Python 的浮点数类型，以下选项描述错误的是 （　　）。

A. 浮点数类型与数学中实数的概念一致，表示带有小数的数值

B. 浮点数有两种表示方法：十进制表示法和科学计数法

C. 浮点数的小数部分可以为 0

D. Python 语言的浮点数可以不带小数部分

40. 如何解释下面语句的执行结果？（　　）

```
>>> print(1.2 - 1.0 == 0.2)
False
```

A. Python 的实现有错误　　B. 浮点数无法精确表示

C. 布尔运算不能用于浮点数比较　　D. Python 将“非 0”视为 False

41. Python 的基本内置函数 eval(x)的作用是（　　）。

A. 将变量 x 转换成浮点数

B. 去掉字符串变量 x 最外侧引号，当作 Python 表达式评估返回其值

C. 计算字符串变量 x 作为 Python 语句的值

D. 将整数变量 x 转换为十六进制字符串

42. 语句 eval('2+4/5')执行后的输出结果是（　　）。

A. 2.8　　B. 2　　C. 2+4/5　　D. '2+4/5'

43. 数据 '3.3' 是什么类型数据？（　　）

A. 整数　　B. 浮点数　　C. 字符串　　D. 字符型

44. 下列关于字符串的定义，错误的是（　　）。

A. '''hipython'''　　B. 'hipython'　　C. "hipython"　　D. [hipython]

45. 关于字符串，下列说法错误的是（　　）。

A. 单个字符是长度为 1 的字符串

B. 字符串的长度就是字符串中字符的个数，但不包括转义字符，如'\n,\r'等

C. 既可以用单引号也可以用双引号作为标志创建字符串

D. 在三引号字符串中可以包含换行，回车等特殊字符

46. 下列关于字符串的描述，错误的是（　　）。

A. 读取字符串 s 的首字符是 s[0]

B. 读取字符串 s 的最后一个字符是 s[:-1]

C. 字符串中的字符都是以某种二进制编码的方式进行存储和处理的

D. 两个字符串之间也能进行大小的比较

47. 假设 s ="Happy New Year"，则 s[2:7]的值为（　　）。

A. "ppy　N"　　B. "ppy　Ne"　　C. "appy"　　D. "appy N"

48. "ab"+"c" * 2 结果是（　　）。

A. abc2　　B. abcabc　　C. abcc　　D. ababc

49. 关于 Python 的字符串，以下选项描述错误的是（　　）。

A. 字符串可以保存在变量中，也可以单独存在

B. 可以使用函数 datatype()测试字符串的类型

C. 输出带有引号的字符串，可以使用转义字符\

D. 字符串是一个字符序列，字符串中的编号称为“索引”

50. 以下哪一个语句不可以打印出"hello world"字符串（结果必须在同一行）？（　　）

A. print("hello world")

B. print(''' hello
world''')

C. print('hello world')

D. print('hello \
world')

51. 利用 print()函数格式化输出，能够控制浮点数的小数点后两位输出的是（　　）。

A. {.2}　　B. {:.2}　　C. {.2f}　　D. {:.2f}

52. 已知某函数的参数为 35.8，执行后结果为 35，该函数是以下函数中的哪一个？（　　）

A. round()　　B. pow()　　C. int()　　D. abs()

53. 下面代码的执行结果为（　　）。

```
>>> print(round(0.1 + 0.2,1) == 0.3)
```

A. True　　B. False　　C. 0　　D. 1

54. 下面代码的输出结果是（　　）。

```
x,y = 10,3
print(divmod(x,y))
```

A. 1，3　　B. （1，3）　　C. 3，1　　D. （3，1）

55. 若字符串 s ="a\nb\rc",则 len(s)的值是（　　）。

A. 3　　B. 5　　C. 6　　D. 7

56. 将字符型数据（整数或小数）转换成浮点数类型的函数是（　　）。

A. input()　　B. int()　　C. float()　　D. print()

57. 下面代码的输出结果是（　　）。

```
x = 35.0
print(type(x))
```

A. <class 'complex'>　　B. <class 'int'>

C. <class 'float'>　　D. <class 'bool'>

58. 给出如下代码,可以输出"python"的是（　　）。

```
>>> s = 'Python is beautiful!'
```

A. print(s[:–14])　　B. print(s[0:6].lower())

C. print(s[0:6])　　D. print(s[–21: –14].lower())

59. 下述代码的输出结果是（　　）。

```
s = "Crystal"
print(s[::-1])
```

A. Crystal　　B. Crysta　　C. atsyrC　　D. latsyrC

60. 将字符串"python"的首字母转换成大写，其他字母不变的方法函数为（　　）。

A. "python".upper()　　B. "python". swapcase()

C. "python". capitalize()　　D. "python".lower()

61. 下列表达式中，与其他 3 个表达式的值不相同的是（　　）。

A. "ABC"+"DEF"　　B. "".join(["ABC","DEF"])

C. "ABC"–"DEF"　　D. "ABCDEF"* 1

62. 下面代码的输出结果是（　　）。

```
s = "The python language is a cross platform language."
print(s.find('language',30))
```

A. 11　　B. 40　　C. 10　　D. 系统报错

63. 下面代码的输出结果是（　　）。

```
s = "The python language is a cross platform language."
print(s.find("language"))
```

A. 11　　B. 40　　C. 10　　D. 系统报错

64. 以下选项中，不是 Python 语言基本控制结构的是（　　）。

A. 顺序结构　　B. 程序异常　　C. 循环结构　　D. 输入输出结构

65. 关于分支结构，以下选项描述不正确的是（　　）。

A. if 语句中语句块执行与否依赖于条件判断

B. if 语句中的条件部分可以使用任何能够产生 True 和 False 的表达式或函数

C. 二分支结构使用保留字 if-elif-else 语句实现

D. 多分支结构用于设置多个判断条件及其对应的多条执行路径

66. 关于 Python 的分支结构，以下选项描述错误的是（　　）。

A. 分支结构可以向已经执行过的语句部分跳转

B. 分支结构使用 if 保留字

C. Python 中 if-else 语句用来实现二分支结构

D. Python 中 if-elif-else 语句用来实现多分支结构

67. 在 Python 中，实现多分支选择结构的较好方法是（　　）。

A. if　　B. if-else　　C. if-elif-else　　D. if 嵌套

68. 用来判断当前 Python 语句是否在分支结构中的是（　　）。

A. 引号　　B. 冒号　　C. 缩进　　D. 大括号

69. 以下选项中，能够实现 Python 循环结构的是（　　）。

A. loop　　B. while　　C. continue　　D. do…for

70. 下列选项中，不属于 Python 循环结构的是（　　）。

A. for 循环　　B. while 循环　　C. do while 循环　　D. 嵌套的 while 循环

71. 关于 Python 的条件循环，以下选项描述错误的是（　　）。

A. 条件循环通过 while 保留字构建

B. 条件循环需要提前确定循环次数

C. 条件循环一直保持循环操作，直到循环条件不满足才结束

D. while（true）也称为永真循环

72. 关于 while 循环和 for 循环的区别，下列叙述正确的是（　　）。

A. while 语句的循环体至少无条件执行一次，for 语句的循环体有可能一次都不执行

B. while 语句只能用于循环次数未知的循环，for 语句只能用于循环次数已知的循环

C. 在很多情况下，while 语句和 for 语句可以等价使用

D. while 语句只能用于可迭代变量，for 语句可以用任意表达式表示条件

73. 关于 Python 语言的循环结构，以下选项描述错误的是（　　）。
 A. Python 通过 for、while 等保留字提供遍历循环和条件循环
 B. 遍历循环中的遍历结构可以是字符串、文件、组合数据类型和 range()函数等
 C. break 用来跳出最内层 for 循环或 while 循环，脱离该循环后程序从该循环代码后继续执行
 D. 每个 continue 语句都有能力跳出当前循环
74. 关于 Python 循环结构，以下叙述正确的是（　　）。
 A. continue 语句的作用是结束整个循环体的执行
 B. 只能在循环体内使用 break 语句
 C. 在循环体内使用 break 语句或 continue 语句的作用相同
 D. 从多层循环嵌套中退出时，只能使用 goto 语句
75. 关于循环结构，下列说法正确的是（　　）。
 A. break 用在 for 循环中，而 continue 用在 while 循环中
 B. break 用在 while 循环中，而 continue 用在 for 循环中
 C. continue 能够结束整个循环，而 break 只能结束本次循环
 D. break 能够结束整个循环，而 continue 只能结束本次循环
76. 关于下面代码中的 for 循环，叙述正确的选项是（　　）。

```
for i in range(1,11):
    x = int(input("请输入一个数字"))
    if x < 0:
        continue
    print(x)
```

 A. 当 x<0 时，整个循环结束　　B. 当 x>=0 时，什么也不输出
 C. print()函数永远也不执行　　D. 最多允许输出 10 个非负整数
77. 以下代码的运行结果为（　　）。

```
a = 17
b = 6
result = a % b if (a % b >4) else a/b
```

 A. 0　　B. 1　　C. 2　　D. 5
78. 以下代码的运行结果为（　　）。

```
a = 13
b = 6
result = a % b if (a % b >4) else a//b
```

 A. 0　　B. 1　　C. 2　　D. 5
79. 以下表达式中，哪一个选项的运算结果是 False？（　　）
 A. 8 > 4 > 2　　B. False == 0
 C. 9 < 1 and 10 < 9 or 2 > 1　　D. "abc"< "ABC"
80. 以下选项描述正确的是（　　）。

A. 条件 24<=28<25 是不合法的
B. 条件 24<=28<25 是合法的，且输出为 False
C. 条件 24<=28<25 是合法的，且输出为 True
D. 条件 35<=45<75 是合法的，且输出为 False

81. 以下表达式不合法的是（　　）。
A. x in [1,2,3,4]　　B. x − 6 > 5
C. e > 6 and 4 == f　　D. 3 = a

82. 下列快捷键能够中断（interrupt execution）Python 程序运行的是（　　）。
A. F6　　B. Ctrl + C　　C. Ctrl + F6　　D. Ctrl + Q

83. 以下选项中，Python 异常处理结构中用来捕获特定类型异常的保留字是（　　）。
A. while　　B. except　　C. do　　D. pass

84. Python 异常处理中不会用到的保留字是（　　）。
A. try　　B. else　　C. if　　D. finally

85. 有关异常的说法，正确的是（　　）。
A. 程序中抛出异常则终止程序　　B. 程序中抛出异常不一定终止程序
C. 拼写错误会导致程序终止　　D. 缩进错误会导致程序终止

86. 关于程序的异常处理，以下选项描述错误的是（　　）。
A. Python 通过 try、except 等保留字提供异常处理功能
B. 程序异常发生，经过妥善处理可以继续执行
C. 异常语句可以与 else 和 finally 保留字配合使用
D. 编程语言中的异常和错误是完全相同的概念

87. 执行以下代码会产生哪一种异常？（　　）

```
>>> a = 3
>>> print(a ** b)
```

A. ValueError　　B. TypeError
C. IndexError　　D. NameError

88. 关于 Python 组合数据类型，以下选项描述错误的是（　　）。
A. Python 的 str、tuple 和 list 类型都属于序列类型
B. Python 组合数据类型能够将多个同类型或不同类型的数据组织起来，使数据操作更有序、更容易
C. 组合数据类型可分为 3 类：序列类型、集合类型和映射类型
D. 序列类型是二维元素向量，元素之间存在先后关系，通过序号访问

89. 下列选项中，不能使用索引运算的是（　　）。
A. 列表　　B. 元组　　C. 集合　　D. 字符串

90. 在 Python 的六大数据类型中，可以改变的数据类型为（　　）。
A. 列表　　B. 元组　　C. 字符串　　D. 数字类型

91. list(range(5,30,5)) 的结果是以下哪个选项？（　　）

A. [5,10,15,20,25,30]　　B. [5,10,15,20,25]

C. (5,10,15,20,25,30)　　D. (5,10,15,20,25)

92. 若想得到列表的元素个数，则可使用（　　）函数。

A. total　　B. count　　C. length　　D. len

93. 下列关于列表的说法，错误的是（　　）。

A. 列表是一个序列对象，可以添加或删除其中的元素

B. 列表可以存放任意类型的数据元素

C. 使用列表时，其索引下标可以是负数

D. 列表是不可变的数据结构

94. 关于列表 list 和字符串 string，下列说法不正确的是（　　）。

A. list 可以存放任意类型数据

B. list 是一个有序集合，没有固定大小

C. 用于统计 string 中字符串长度的函数是 string.len()

D. string 是不可变数据类型，创建后其值不能改变

95. 关于 Python 的列表，以下选项描述错误的是（　　）。

A. 列表是一个可以修改数据项的序列类型

B. 列表是包含 0 个或者多个对象引用的有序序列

C. 列表的长度不可变

D. 列表用中括号[]表示

96. 对于列表 ls 的操作，以下选项描述错误的是（　　）。

A. ls.append(x)：在 ls 最后增加一个元素 x

B. ls.clear()：删除 ls 的最后一个元素

C. ls.copy()：生成一个新列表，复制 ls 的所有元素

D. ls.reverse()：列表 ls 的所有元素反转

97. 关于列表的操作，下列说法不正确的是（　　）。

A. 列表对象的 append()方法，可以在列表尾部追加一个数据元素

B. 列表对象的 insert()方法，可以在列表的任意位置插入一个数据元素

C. 列表对象的 pop()方法，可以通过指定参数弹出列表中的任意位置元素

D. 列表对象的 remove()方法，可以删除列表中所有指定的元素

98. 关于列表的方法，下列说法正确的是（　　）。

A. 对于包含大量元素的列表，执行 append()方法在列表尾部增加一个元素，比用 insert()方法在列表中间位置插入一个元素速度更快一些

B. 对于包含大量元素的列表，执行 insert()方法在列表中间位置插入一个元素，比用 append()方法在列表尾部增加一个元素速度更快一些

C. 对于包含大量元素的列表，执行 insert()方法在列表中间位置插入一个元素，和用 append()方法在列表尾部增加一个元素速度一样快

D. 无法判别哪个方法执行速度快

99. 关于列表的方法，下列说法不正确的是（　　）。

A. 如果 x 是一个列表对象，那么 x.pop()和 x.pop(-1)的功能是一样的

B. 执行列表的 sort()方法后，会改变原列表中数据元素的顺序

C. 可以使用 extend()方法，在列表的尾部嵌套追加另一个列表

D. 如果 x 是一个列表对象，那么 x.reverse()和 x.sort(reverse=True)的功能是一样的

100. 已知列表 x = [100,200,300]，则执行语句 x.pop(0)后 x 的值为（　　）。

A. []　　B. [100,200,300]

C. 报错　　D. [200,300]

101. 已知列表 x = [3,6,2]，则执行 x = x.sort(reverse = True)后 x 的值是（　　）。

A. [2,3,6]　　B. [2,6,3]　　C. [6,3,2]　　D. [3,6,2]

102. 列表 lst = [1,2,3],list[−1]的值为（　　）。

A. 1　　B. 2　　C. 3　　D. []

103. 已知列表 x=[1,2,3]，则执行语句 x.insert(1,4)后 x 的值为（　　）。

A. [1,4,2,3]　　B. [1,4,2]

C. [1,2,3,4]　　D. [1,1,4,2,3]

104. 已知列表 x=list(range(9))，则执行语句 del x[:2]后 x 的值为（　　）。

A. [1,3,5,7,9]　　B. [1,3,5,7]

C. [0,1,3,5,7]　　D. [2,3,4,5,6,7,8]

105. 已知列表 lst=[1,2,3,4,5,6,7,8,9,0]，则执行 lst[1:3] = "abc"后执行 lst[2]的结果是（　　）。

A. 4　　B. 'b'　　C. 'abc'　　D. 'c'

106. 关于 Python 序列类型的通用操作符和函数，以下选项描述错误的是（　　）。

A. 若 x 是 s 的元素，则 x in s 返回 True

B. 若 x 不是 s 的元素，则 x not in s 返回 True

C. 若 s 是一个序列，s=[1, "ruby",True]，则 s[3]返回 True

D. 若 s 是一个序列，s=[1, "ruby",True]，则 s[−1]返回 True

107. 已知序列 week = ['Monday', 'Tuesday', 'Wednesday', 'Thursday', 'Friday', 'Saturday', 'Sunday']，以下切片操作中可以获得序列['Monday', 'Tuesday', 'Wednesday', 'Thursday', 'Friday']的是（　　）。

A. week[0:6]　　B. week[0:4]　　C. week[−7:−2]　　D. week[-7:-3]

108. 表达式", ".join(ls)中的 ls 是列表类型，以下选项对其功能的描述正确的是（　　）。

A. 将逗号字符串增加到列表 ls 中

B. 在列表 ls 每个元素后增加一个逗号

C. 将列表所有元素连接成一个字符串，每个元素后增加一个逗号

D. 将列表所有元素连接成一个字符串，元素之间增加一个逗号

109. 二维列表 ls=[[1,2,3],[4,5,6],[7,8,9]]，以下选项中能够获取其中元素 5 的是（　　）。

A. ls[1][1]　　B. ls[4]　　C. ls[−1][-1]　　D. ls[-2][−1]

110. 二维列表 ls=[[1,2,3],[4,5,6],[7,8,9]]，以下选项中能够获取其中元素 9 的是（　　）。

A. ls[0][1]　　B. ls[−1]　　C. ls[−1][−1]　　D. ls[−2][−1]

111. 关于 Python 的元组类型，以下选项描述错误的是（　　）。

A. 一个元组可以作为另一个元组的元素，可以采用多级索引获取数据

B. 元组一旦创建就不能修改

C. Python 中元组采用逗号和圆括号（可选）来表示

D. 元组中的元素必须是相同类型

112. 关于元组，下列说法不正确的是（　　）。

A. 元组是不可变的，不支持利用 insert()方法、remove()方法删除元组中的元素

B. 元组支持双向索引

C. 在创建只包含一个元素的元组时，必须在元素后面加一个逗号，如（3，）

D. 可以使用 del 命令删除元组中的某个元素

113. len(({1:2,3:4},))的值是（　　）。

A. 0　　B. 1　　C. 2　　D. 3

114. 对于序列 s，能够返回序列 s 中第 i 到 j 以 k 为步长的元素子序列的表达是（　　）。

A. s[i,j,k]　　B. s[i;j;k]　　C. s[i:j:k]　　D. s(i,j,k)

115. 设序列 s，以下选项对 max(s)的描述正确的是（　　）。

A. 一定能够返回序列 s 的最大元素

B. 返回序列 s 的最大元素，若有多个相同，则返回一个元组类型

C. 返回序列 s 的最大元素，若有多个相同，则返回一个列表类型

D. 返回序列 s 的最大元素，但要求 s 中元素之间可以比较

116. Python 的 join 方法用于将序列中的元素以指定的字符连接生成一个新的字符串，下列选项中正确的是（　　）。

A. 语句''.join('a', 'b')是合法的

B. 语句''.join(['a', 'b'])是合法的

C. 语句''.join([1,2,3])是合法的

D. 语句''.join(['1', '2', '3'])是非法的

117. 关于 Python 字典，以下选项描述错误的是（　　）。

A. Python 字典包含 0 个或多个键-值对，没有长度限制，可以根据“键”索引“值”

B. Python 语言通过字典实现映射

C. 字典中对某个键值的修改可以采用中括号[]访问和赋值实现，如 dict1['a']=10

D. 若保持一个集合中元素的顺序，则可使用字典类型

118. 在 Python 中，数据以键-值对的形式存在的是（　　）。

A. 列表　　B. 元组　　C. 集合　　D. 字典

119. 字典中键与值用（　　）分隔？

A. 逗号　　B. 分号　　C. 句号　　D. 冒号

120. 以下选项中，不能生成一个空字典的是（　　）。

A. {}　　B. dict([])　　C. {[]}　　D. dict()

121. 下列选项中，正确定义了一个字典的是（　　）。

A. a = ["A":10, "B":20, "C":30]　　B. b = ("A":10, "B":20, "C":30)

C. c = {1A:10,2B:20,3C:30}　　D. d = { "A":10, "B":20, "C":30}

122. 以下语句不能创建字典的是（　　）。

A. dict1 = {}　　B. dict2 ={3:5}

C. dict3 = dict([2,5],[3,4])　　D. dict4 = dict(([1,2],[3,4]))

123. 以下语句不能创建一个字典的是（　　）。

A. dict1 = {}　　B. dict2 = {123:345}

C. dict3 = {[123]: 'python'}　　D. dict4 = {(123): 'python'}

124. 以下选项中，不是创建字典方式的是（　　）。

A. d = {1:[1,2],3:[3,4]}　　B. d = {[1,2]:1,[3,4]:3}

C. d = {(1,2):1,(3,4):3}　　D. d = {'张三':1, '李四':3}

125. 关于字典，下列说法不正确的是（　　）。

A. 可以使用字典的“键”作为下标来访问对应的“值”

B. 字典的“键”必须是不可变的数据

C. 字典中的“键”不可以重复

D. 字典中的“值”不可以重复

126. 关于列表，下列说法正确的是（　　）。

A. 列表可以作为字典的“键”

B. 列表中所有数据元素必须为相同的数据类型

C. 列表是一个有序序列

D. 对列表进行切片操作会改变原始列表的长度

127. 关于字典，下列说法不正确的是（　　）。

A. 元组可以作为字典的“键”　　B. 列表可以作为字典的“键”

C. 数字可以作为字典的“键”　　D. 字符串可以作为字典的“键”

128. 关于字典，下列说法正确的是（　　）。

A. 当以指定“键”为下标给字典赋值时，若该“键”存在，则表示修改该键对应的“值”；若该“键”不存在，则表示为字典对象添加一个新的键-值对

B. 字典中的元素是按照添加顺序依次进行存储的

C. 字典在搜索时，可以通过“键”找到对应的“值”，也可以通过“值”搜索

到对应的“键”

D. 字典是一种映射类型，不支持 sort()方法进行字典排序

129. 字典 D={"A":10, "B":20, "C":30, "D":40}对第四个字典元素的访问形式是（　　）。

A. D["D"]　　B. D[3]　　C. D[4]　　D. D[D]

130. 字典 D={"A":10, "B":20, "C":30, "D":40},len(D)的值是（　　）。

A. 4　　B. 8　　C. 10　　D. 12

131. 在 Python 中，遍历字典的键使用的关键字是（　　）。

A. keys　　B. values　　C. items　　D. key

132. 现有字典 d = {'Name': 'Li', 'Age':23}，执行 23 in d 语句后，输出结果为（　　）。

A. True　　B. False　　C. None　　D. 'Age'

133. 字典 D={"A":10, "B":20, "C":30, "D":40}, sum(list(D.values()))的值是（　　）。

A. 10　　B. 40　　C. 100　　D. 200

134. Python 执行 for x in {'a': 'b', 'c': 'd'}:print(x,end=' ')的结果是什么？（　　）

A. b c　　B. a c　　C. b d　　D. a b

135. 现有字典 d = {'a': 'b',1:1,2:2}，Python 执行 d.pop()的结果是（　　）。

A. 报错　　B. (1,1)　　C. ('a': 'b')　　D. 2

136. 下列语句执行的结果为（　　）。

```
d1 = {1:"food"}
d2 = {1:"食品",2:"饮料"}
d1.update(d2)
print(d1[1])
```

A. 1　　B. 2　　C. 食品　　D. 饮料

137. 下列选项中，不属于字典操作的方法是（　　）。

A. dicts.keys()　　B. dicts.append()　　C. dicts.values()　　D. dicts.items()

138. 给定字典 d，以下选项对 d.keys()的描述正确的是（　　）。

A. 返回一个列表类型，包括字典 d 中所有键

B. 返回一个集合类型，包括字典 d 中所有键

C. 返回一种 dict_keys 类型，包括字典 d 中所有键

D. 返回一个元组类型，包括字典 d 中所有键

139. 给定字典 d，以下选项对 d.values()的描述正确的是（　　）。

A. 返回一种 dict_values 类型，包括字典 d 中所有值

B. 返回一个集合类型，包括字典 d 中所有值

C. 返回一个元组类型，包括字典 d 中所有值

D. 返回一个列表类型，包括字典 d 中所有值

140. 给定字典 d，以下选项对 d.items()的描述正确的是（　　）。

A. 返回一种 dict_items 类型，包括字典 d 中所有键值对

B. 返回一个元组类型，每个元素是一个二元元组，包括字典 d 中所有键-值对
C. 返回一个列表类型，每个元素是一个二元元组，包括字典 d 中所有键-值对
D. 返回一个集合类型，每个元素是一个二元元组，包括字典 d 中所有键-值对

141. 给定字典 d，以下选项对 d.get(x,y)的描述正确的是（　　）。
A. 返回字典 d 中键值对为 x:y 的值
B. 返回字典 d 中键为 x 的值，若不存在，则返回 y
C. 返回字典 d 中键为 x 的值，若不存在，则返回空
D. 返回字典 d 中键为 y 的值，若不存在，则返回 x

142. 给定字典 d，以下选项对 x in d 的描述正确的是（　　）。
A. x 是一个二元元组，判断 x 是否是字典 d 中的键-值对
B. 判断 x 是否是字典 d 中的键
C. 判断 x 是否在字典 d 中以键或值的方式存在
D. 判断 x 是否是字典 d 中的值

143. 给定字典 d，以下选项中可以清空该字典并保留变量的是（　　）。
A. del d　　B. d.remove()　　C. d.pop()　　D. d.clear()

144. S 和 T 是两个集合，对 S&T 的描述正确的是（　　）。
A. S 和 T 的补运算，包括集合 S 和集合 T 中的非相同元素
B. S 和 T 的差运算，包括在集合 S 但不在集合 T 中的元素
C. S 和 T 的交运算，包括同时在集合 S 和集合 T 中的元素
D. S 和 T 的并运算，包括在集合 S 和集合 T 中的所有元素

145. 以下不能创建集合的语句是（　　）。
A. s1 = {}　　B. s2 =set()
C. s3 = set("abcd ")　　D. s4 = set(range(5))

146. 关于集合，下列说法正确的是（　　）。
A. 集合可以包含相同的元素
B. 集合属于有序序列
C. 集合不支持使用索引序号访问其中的元素
D. 可以使用 del 命令删除集合中的部分元素

147. 现有集合 s = {1,2,3}，执行 del s[2]的结果为（　　）。
A. 3
B. 2
C. {1，2}
D. TypeError: 'set' object doesn't support item deletion

148. Python 执行{1, 2, 'a'} | {2, 3, 4}的结果为（　　）。
A. {2, 3, 4}　　B. {1, 2, 3, 4, 'a'}　　C. {1, 2, 3, 4}　　D. {2,3,4, 'a'}

149. 假设 a=set([1,2,2,3,3,3,4,4,4,4])，则 a.remove(4)执行后 a 的值是（　　）。
A. {1,2,3}　　B. {1,2,2,3,3,3}

C. {1,2,2,3,3,3,4,4,4}　　D. [1,2,2,3,3,3,4,4,4]

150. 关于元组、列表、集合和字典，下列说法不正确的是（　　）。

A. 字典和集合属于无序序列

B. 列表、元组、字符串都属于有序序列

C. 删除列表中重复元素最简单的方法是将其转换为集合后再重新转换为列表

D. 内置函数 len()适用于字符串、数字、列表、元组、字典、集合等对象

151. 可以用来创建 Python 自定义函数的关键字是（　　）。

A. function　　B. def　　C. class　　D. return

152. 以下选项中，不属于函数作用的是（　　）。

A. 区分全局变量和局部变量

B. 降低编程复杂度

C. 增强代码可读性

D. 复用代码

153. 以下选项中，对程序的描述错误的是（　　）。

A. 程序是由一系列函数组成的

B. 程序是由一系列代码组成的

C. 可以利用函数对程序进行模块化设计

D. 通过封装可以实现代码复用

154. 关于 Python 中的函数，以下选项描述错误的是（　　）。

A. 函数是一段具有特定功能的、可重用的语句组

B. 函数能够完成特定的功能，函数使用时不需要了解函数内部实现原理，只要了解函数的输入输出方式即可

C. 使用函数的主要目的是降低编程难度和代码重用

D. Python 使用 del 保留字定义一个函数

155. 关于 Python 函数，以下选项描述错误的是（　　）。

A. 函数是一段具有特定功能的语句组

B. 函数是一段可重用的语句组

C. 函数通过函数名进行调用

D. 每次使用函数都需要提供相同的参数作为输入

156. 关于函数，以下选项描述错误的是（　　）。

A. 函数使用时需要了解函数内部实现细节

B. 函数是具有特定功能的可重用代码片段，实现解决某个特定问题的算法

C. 函数在需要时被调用，其代码被执行

D. 函数主要通过接口（interface）与外界通信及传递信息

157. 关于函数的目的与意义，以下选项描述错误的是（　　）。

A. 函数是程序功能的抽象，支持代码重用

B. 函数能够调用未实现的函数

C. 使用时无须了解函数内部实现细节

D. 有助于采用分而治之的策略编写大型复杂的程序

158. 关于函数，以下选项描述错误的是（　　）。

A. 函数也是数据

B. 函数定义语句是可执行的语句

C. 函数调用不可赋值给其他变量

D. 函数可以有返回值，也可以没有返回值

159. 定义函数无参数时，小括号（　　）。

A. 必须去掉　　B. 必须保留

C. 有无均可　　D. 以上都不对

160. 下列关于函数的说法正确的是（　　）。

A. 函数定义时必须有形参

B. 除用 global 声明的变量外，函数中定义的变量只在该函数体内起作用

C. 函数定义时必须有 return 语句

D. 实参与形参的个数可以不相同，类型也可以任意

161. 下列关于函数的说法正确的是（　　）。

A. 函数的实参与形参必须同名

B. 函数的形参既可以是变量，也可以是常量

C. 函数的实参不可以是表达式

D. 函数的实参可以是其他函数的调用（参数本身就是一个函数）

162. 简单变量作为实参时，它和对应形参之间的数据传递方式是（　　）。

A. 由形参传给实参

B. 由实参传给形参

C. 由实参传给形参，再由形参传给实参

D. 由用户指定传递方向

163. 关于 Python 函数参数的描述中，错误的是（　　）。

A. Python 实行按值传递参数，值传递是指调用函数时将常量或变量的值传递给函数的形参

B. 实参与形参分别存储在各自的内存空间中，是两个不相关的独立变量

C. 在函数内部改变形参的值时，实参的值一般是不会改变的

D. 实参与形参的名字必须相同

164. 函数的可变参数*args 在传入函数时存储的类型是（　　）。

A. tuple　　B. list　　C. set　　D. dict

165. 关于 Python 的 lambda 函数，以下选项描述错误的是（　　）。

A. lambda 用于定义简单的、能够在一行内表示的函数

B. 可以使用 lambda 函数定义列表的排序原则

C. f = lambda x,y:x+y 执行后，f 的类型为数字类型

D. lambda 函数也称为匿名函数

166. 在 Python 中，关于全局变量和局部变量，以下选项描述不正确的是（　　）。

A. 一个程序中的变量包含两类：全局变量和局部变量

B. 全局变量不能和局部变量重名

C. 局部变量只在函数内部有效

D. 全局变量在程序执行的全过程有效

167. 在 Python 中，关于全局变量和局部变量，以下选项描述不正确的是（　　）。

A. 全局变量是指在函数之外定义的变量，一般没有缩进，在程序执行的全过程有效

B. 局部变量是指在函数内部使用的变量，当函数退出时，变量依然存在，下次函数调用可以继续使用

C. 使用 global 保留字声明简单数据类型变量后，该变量作为全局变量使用

D. 简单数据类型变量无论是否与全局变量重名，仅在函数内部创建和使用，函数退出后变量被释放

168. 关于局部变量和全局变量，以下选项描述错误的是（　　）。

A. 局部变量为组合数据类型且未创建，等同于全局变量

B. 局部变量和全局变量是不同的变量，但可以使用 global 保留字在函数内部使用全局变量

C. 局部变量是函数内部的占位符，与全局变量可能重名但却是不同的变量

D. 函数执行结束后，局部变量不会被释放

169. 假设函数中不包括 global 保留字，对于改变参数值的方法，以下选项中错误的是（　　）。

A. 参数是 list 类型时，改变原参数的值

B. 参数是 int 类型时，不改变原参数的值

C. 参数是组合类型（可变对象）时，改变原参数的值

D. 参数的值是否改变与函数中对变量的操作有关，与参数类型无关

170. 关于函数的参数，以下选项描述错误的是（　　）。

A. 可选参数可以定义在非可选参数的前面

B. 一个元组可以传递给带有星号的可变长参数

C. 在定义函数时，可以设计可变数量参数，通过在参数前增加星号（*）实现

D. 在定义函数时，如果有些参数存在默认值，就可以在定义函数时直接为这些参数指定默认值

171. 以下选项中，函数定义错误的是（　　）。

A. def func(*a,b):　　　　B. def func(a,b):

C. def func(a,*b):　　　　D. def func(a,b=2):

172. 关于函数的赋值参数使用限制，以下选项描述错误的是（　　）。

A. 赋值参数必须位于位置参数之前

B. 不得重复提供实际参数
C. 赋值参数必须位于位置参数之后
D. 赋值参数顺序无限制

173. 以下选项中，对于递归程序的描述错误的是（　　）。
A. 书写简单　　B. 执行效率高
C. 一定要有递归结束条件　　D. 递归程序都可以有非递归编写方法

174. 关于递归函数的描述，以下选项正确的是（　　）。
A. 包含一个循环结构
B. 递归函数的程序结构一定很复杂
C. 函数内部包含对函数自身的再次调用
D. 函数名即为函数的返回值

175. 关于递归函数的描述，以下选项错误的是（　　）。
A. 递归函数必须有结束递归调用的基本条件
B. 当满足递归结束的基本条件后将不再进行递归
C. 递归函数一定包含多层嵌套的循环结构
D. 递归结束的条件决定递归的深度

176. 关于 jieba 库的描述，以下选项错误的是（　　）。
A. jieba 是 Python 中一个重要的标准函数库
B. jieba.cut(s)是精准模式，返回一个可迭代的数据类型
C. jieba.lcut(s)是精准模式，返回列表类型
D. jieba.add_word(s)是向分词词典里增加新词

177. 关于 jieba 库的函数 jieba.lcut(x)，以下选项描述正确的是（　　）。
A. 精准模式，返回中文文本 x 分词后的列表变量
B. 搜索引擎模式，返回中文文本 x 分词后的列表变量
C. 全模式，返回中文文本 x 分词后的列表变量
D. 向分词词典中增加新词 x

178. 关于 random.uniform(a,b)的作用描述，以下选项正确的是（　　）。
A. 生成一个[a,b]之间的随机整数
B. 生成一个[a,b]之间的随机小数
C. 生成一个均值为 a，方差为 b 的正态分布
D. 生成一个(a,b)之间的随机数

179. 生成一个[a,b]之间的随机整数的函数是（　　）。
A. random.randint(a,b)　　B. random.random()
C. random.uniform(a,b)　　D. random.randrange(a,b)

180. 关于 random 库，以下选项描述错误的是（　　）。
A. 生成随机数之前必须要指定随机数种子
B. 设定相同种子，每次调用随机函数生成的随机数相同

C. 通过 from random import *语句，可以导入 random 随机库

D. 通过 import random 可以导入 random 随机库

181. 关于 Python 文件处理，以下选项描述错误的是（　　）。

A. Python 能够处理 Excel 文件　　B. Python 能够处理 JPG 图像文件

C. Python 不可以处理 PDF 文件　　D. Python 能够处理 CSV 文件

182. 关于 Python 对文件的处理，以下选项描述错误的是（　　）。

A. Python 能够以文本和二进制两种方式处理文件

B. Python 通过解释器内置的 open()函数打开一个文件

C. 当文件以文本方式打开时，读写按照字节流方式

D. 文件使用结束后要用 close()方法关闭，释放文件的使用授权

183. 以下选项中，不是 Python 对文件的读操作方法的是（　　）。

A. read　　B. readline　　C. readlines　　D. readtext

184. 以下选项中，不能实现 Python 对文件的写操作方法的是（　　）。

A. writelines　　B. write　　C. write 和 seek　　D. writetext

185. 以下选项中，不是 Python 对文件的打开模式的是（　　）。

A. 'r'　　B. 'w'　　C. 'r+'　　D. 'c'

186. 文件的（　　）打开模式，当文件不存在时，使用 open()函数打开文件会报错。

A. "r "　　B. "a "　　C. "w "　　D. "w+ "

187. file 是文本文件对象，下列选项中，（　　）用于读取文件的一行。

A. file.read()　　B. file.readline(80)

C. file.readlines()　　D. file.readline()

188. 文件操作中可以实现一次性读取全部文件信息且返回对象是一个列表的是（　　）。

A. open()　　B. read()　　C. reads()　　D. readlines()

189. 下列说法中错误的是（　　）。

A. 以"w "模式打开的一个可读写的文件，如果文件存在就会被覆盖

B. 使用 write()方法写入时，数据会追加到文件的末尾

C. read()方法可以一次性读取文件中的所有数据

D. readlines()方法可以一次性读取文件中的所有数据

190. 在读写文件之前，用于打开并创建文件对象的函数是（　　）。

A. open()　　B. create()　　C. write()　　D. read()

191. 关于 open()函数的文件名，以下选项描述错误的是（　　）。

A. 文件名可以是绝对路径

B. 文件名可以是相对路径

C. 文件名对应的文件可以不存在，打开时不会报错

D. 文件名不能是一个目录

192. 关于语句 f = open("demo.txt ", "r "),下列说法不正确的是（　　）。

A. demo.txt 文件必须存在
B. 只能从 demo.txt 文件读数据，不能向该文件写数据
C. 只能向 demo.txt 文件写数据，不能从该文件读数据
D. "r "模式是默认的文件打开方式

193. 关于文件的打开方式，以下选项描述正确的是（　　）。
A. 文件只能选择二进制或文本方式打开
B. 文本文件只能以文本方式打开
C. 所有文件都可以文本方式打开
D. 所有文件都可以二进制方式打开

194. 当打开一个不存在的文件时，以下选项描述正确的是（　　）。
A. 一定会报错
B. 根据打开类型不同，可能不报错
C. 不存在文件无法打开的情况
D. 若文件不存在，则会自动创建文件

195. Python 语句：f = open()，以下选项对 f 的描述错误的是（　　）。
A. f 是文件句柄，在程序中用来表达文件
B. 语句 print(f)执行将报错
C. 将 f 当作文件对象，f.read()可以读入文件全部信息
D. f 是一个 Python 内部变量类型

196. Python 中不是面向对象程序设计具有的基本特征是（　　）。
A. 继承　　B. 多态　　C. 可维护性　　D. 封装

197. 关于类的定义和使用，下列说法错误的是（　　）。
A. 在 Python 中，类表示具有相同属性和方法的对象的集合
B. 在使用类时，需要先定义类，然后再创建类的实例
C. 通过类的实例就可以访问类中的属性和方法
D. 类定义之后会自动生成一个实例

198. 关于类与对象，下列说法错误的是（　　）。
A. 类就像一个模板，按照类建立的具体实例称为对象
B. 对象具有静态和动态两个要素，静态要素是指对象的属性，动态要素是指对象的行为特征，通常称为方法
C. 类的属性与实例的属性必须相同
D. 在 Python 中，所有数据都是对象，包括字符串、函数等也都是对象。

199. 下列说法不正确的是（　　）。
A. 类是对象的模板，而对象是类的实例
B. 实例属性名如果以__（双下划线）开头，就变成了私有变量
C. 只有在类的内部才可以访问类的私有变量，外部不能访问
D. 在 Python 中，一个子类只能有一个父类

200. 关于 Python 类，说法错误的是（　　）。
   A. 类的实例方法必须创建对象后才可以调用
   B. 类的实例方法必须创建对象前才可以调用
   C. 类方法可以用对象和类名调用
   D. 类的静态属性可以用类名和对象调用

二、判断题

1. Python 是一种跨平台、开源、免费的高级动态编程语言。（　　）
2. Python 3.x 完全兼容 Python 2.x。（　　）
3. 不同版本的 Python 不能安装在同一台计算机上。（　　）
4. Python 语句既可以采用交互式的命令执行方式，又可以采用程序文件执行方式。（　　）
5. Python 是一种编译类型的计算机语言。（　　）
6. Python 中，当一行写多条语句时，可以用分号（;）来间隔语句。（　　）
7. 一个数字 5 也是合法的 Python 表达式。（　　）
8. 在 Python 中可以使用 for 作为变量名。（　　）
9. Python 变量名必须以字母或下划线开头，并且区分字母大小写。（　　）
10. Python 变量名区分大小写，因此 student 和 Student 不是同一个变量。（　　）
11. 在 Python 3.x 中可以使用中文作为变量名。（　　）
12. Python 代码只有一种注释方式，那就是使用#符号。（　　）
13. 放在一对三引号之间的任何内容都将被认为是注释。（　　）
14. Python 语言通过缩进来体现语句之间的逻辑关系，同一层次的 Python 语句必须对齐。（　　）
15. Python 程序中要求同一个代码块的语句只能包含一个缩进（4 个空格）。（　　）
16. 在 Python 中 0o3b 是合法的八进制数字表示形式。（　　）
17. 在 Python 中 0xab 是合法的十六进制数字表示形式。（　　）
18. 执行语句 x=0x0010;print(x)，输出 x 的值为 10。（　　）
19. 执行语句 x=0b1010;print(x)，输出 x 的值为 10。（　　）
20. Python 语言浮点数的小数部分不能为 0。（　　）
21. 3+j 是合法 Python 数字类型。（　　）
22. 3+4j 是合法 Python 数字类型。（　　）
23. 执行语句 x=10;y=-1+2j;print(x+y)，输出结果的值为(9+2j)。（　　）
24. Python 语言要求所有的浮点数必须带有小数部分。（　　）
25. 当作为条件表达式时，空值、空字符串、空列表、空元组、空字典、空集合、空迭代对象及任意形式的数字 0 都等价于 False。（　　）
26. 已知 x=3，则执行语句 x+=6 之后，x 的内存地址不变。（　　）

27. 已知 x=3，则赋值语句 x='abc'无法正常执行。（　）
28. x**y 表示 x 的 y 次幂，其中 y 必须是整数。（　）
29. 执行语句 x=10;y=4;print(x//y,x/y)，其输出结果是 2,2.5。（　）
30. 赋值语句 x=(y=1)是合法的。（　）
31. 执行 print(pow(2,10,2))的结果是 1024。（　）
32. 表达式 pow(3,2)==3**2 的值为 True。（　）
33. int(4.9)的结果为 5。（　）
34. 语句 x=10;y=3;print(divmod(x,y))的输出结果是（1,3）。（　）
35. 执行语句 x=10;y=20;x,y=y,x 结果 x 和 y 都为 20。（　）
36. 执行语句 p=5;p*=p;print(p)，其输出结果为 55。（　）
37. Python 字符编码采用的是 ASCII 码。（　）
38. s="Python 程序设计语言"，s[2:-2]的结果是：'thon 程序设计'。（　）
39. 加法运算符可以用来连接字符串并生成新字符串。（　）
40. 变量 str="Hello World"，语句 print(str[-5:-1])的输出结果是 World。（　）
41. 执行语句 a,b,c,d,e,f="Python"，其输出结果 b 的值是"y"。（　）
42. Python 字符串提供区间访问方式，采用格式[n:m]。表示字符串中从 n 到 m 的索引子字符串（包括 n 和 m）。（　）
43. 表达式'ABC'=='abc'.upper()的结果为 False。（　）
44. Python 的内置函数 ord(x)的作用是返回一个字符 x 的 Unicode 编码值。（　）
45. Python 的内置函数 chr(i)的作用是返回一个 Unicode 编码值为 i 的字符。（　）
46. 语句 x=input()执行时，若从键盘输入 12 并按回车键，则 x 的值是 12。（　）
47. 执行 s="Python"; print("{0:3}".format(s))，输出的结果为'Python'。（　）
48. 利用 print 格式化输出，{:2f}可以控制输出浮点数的小数点后保留两位。（　）
49. Python 中，if—elif—else 语句描述的是多分支结构。（　）
50. 如果仅仅用于控制循环次数，那么使用 for i in range(20)和 for i in range(20, 40)的作用是等价的。（　）
51. 执行循环语句 for i in range(1,5,2):print(i)，循环体执行 3 次。（　）
52. Ctrl+C 键可以中断程序的运行。（　）
53. 对于带有 else 子句的循环语句，若循环条件表达式不成立而自然结束循环，则执行 else 子句中的代码。（　）
54. 程序中的异常处理结构在大多数情况下是没必要的。（　）
55. 异常处理机制的关键字是 try 和 except。（　）
56. Python 中列表、元组、字符串都属于有序序列。（　）
57. 序列元素的编号称为索引，它从 0 开始，访问序列元素时将它用圆括号括起来。

（ ）

58. 如果 x 不是 s 的元素，那么 x not in s 的返回值为 True。（ ）

59. Python 中只能对列表进行切片操作，不能对元组和字符串进行切片操作。（ ）

60. 同一个列表对象中所有元素必须为相同类型。（ ）

61. 列表是通过键来索引元素的。（ ）

62. 列表的长度是不可以改变的。（ ）

63. ls=list(range(1,5));print(ls)，输出结果为[1,2,3,4,5]。（ ）

64. 已知列表 x = [1, 2, 3]，则执行语句 x = 3 之后，变量 x 的地址不变。（ ）

65. 已知列表 x = [1, 2, 3]，则执行语句 x[0] = 3 之后，变量 x 的地址不变。（ ）

66. 如果 s 是一个序列，s=[1,"abc",True]，那么 s[3]返回为 True。（ ）

67. 如果 s 是一个序列，s=[1,"abc",True]，那么 s[-1]返回为 True。（ ）

68. 已知 x 为非空列表，则 x.sort(reverse=True)和 x.reverse()的作用是等价的。（ ）

69. 已知 x = list(range(10))，则 x.sort(reverse=True)和 x.reverse()的作用是等价的。（ ）

70. 执行 a=[1,2,3];b=a[:];print(b)语句，输出的结果是[1,2,3]。（ ）

71. 执行 a=[1,3];b=[2,4];a.extend(b);print(a)语句，输出的结果是[1,3,2,4]。（ ）

72. 对列表 ls 操作，ls.append(x)是在列表 ls 后追加一个元素。（ ）

73. 对列表 ls 操作，ls.reverse()是将列表 ls 元素降序排列。（ ）

74. 对列表 ls 操作，ls.clear()是删除列表 ls 最后一个元素。（ ）

75. 创建只包含一个元素的元组时，必须在元素后面加一个逗号，如(3,)。（ ）

76. 列表和元组的长度和内容都可以改变。（ ）

77. 已知 x = (1, 2, 3, 4)，则执行 x[0] = 5 之后，x 的值为(5, 2, 3, 4)。（ ）

78. 元组的访问速度比列表要快一些，若定义了一系列常量值且主要用途仅是对其进行遍历，不需要进行任何修改，则建议使用元组而不使用列表。（ ）

79. 元组是不可变的，不支持列表对象的 insert()、remove()等方法，也不支持 del 命令删除其中的元素，但可以使用 del 命令删除整个元组对象。（ ）

80. Python 支持使用字典的“键”作为下标来访问字典中的值。（ ）

81. 字典的“键”必须是不可变的。（ ）

82. Python 字典中的“键”不允许重复。（ ）

83. 当以指定“键”为下标给字典对象赋值时，若该“键”存在，则表示修改该“键”对应的“值”；若该“键”不存在，则表示为字典对象添加一个新的键-值对。（ ）

84. Python 语言中字典和集合属于无序序列。（ ）

85. 给定字典 d，返回一种 dict_keys 类型，包括字典 d 中所有的键和值。（ ）

86. 给定字典 d，返回一种 dict_values 类型，包括字典 d 中所有的值。（ ）

87. 给定字典 d，返回一种 dict_items 类型，包括字典 d 中所有的值。（ ）

88. 已知 x = {1:1, 2:2}，则语句 x[3] =3 的执行结果是 x = {1:1,2:2,3:3}。（ ）

89. Python 集合可以包含相同的元素。（ ）

90. Python 集合不支持使用下标访问其中的元素。（ ）

91. 删除列表中重复元素最简单的方法是将其转换为集合后再重新转换为列表。（ ）

92. 执行 s={};print(type(s))语句，输出的结果是<class 'set'>。（ ）

93. 执行 s=set();print(type(s))语句，输出的结果是<class 'set'>。（ ）

94. 内置函数 len()返回指定序列的元素个数，适用于列表、元组、字符串、字典、集合及 range、zip 等迭代对象。（ ）

95. 函数是代码复用的一种方式。（ ）

96. 函数是一段具有特定功能的、可重用的语句组，对函数的使用不需要了解函数内部实现原理，只要了解函数的输入输出方式即可。（ ）

97. 定义函数时，即使该函数不需要接收任何参数，也必须保留一对空的圆括号来表示这是一个函数。（ ）

98. 函数名称不可赋值给其他变量。（ ）

99. 函数调用时需要将形式参数传递给实际参数。（ ）

100. 函数中必须包含 return 语句。（ ）

101. 函数必须有返回值。（ ）

102. 在 Python 中定义函数时不需要声明函数的返回值类型。（ ）

103. 调用带有默认值参数的函数时，不能为默认值参数传递任何值，必须使用函数定义时设置的默认值。（ ）

104. 定义函数时，带有默认值的参数必须出现在参数列表的最右端，任何一个带有默认值的参数右边都不允许出现没有默认值的参数。（ ）

105. 在调用函数时，必须牢记函数形参顺序才能正确传值。（ ）

106. 一个函数如果带有默认值参数，那么必须所有参数都设置默认值。（ ）

107. 在函数内部直接修改形参的值并不影响外部实参的值。（ ）

108. 在函数内部，既可以使用 global 来声明使用外部全局变量，也可以使用 global 直接定义全局变量。（ ）

109. 在函数内部没有办法定义全局变量。（ ）

110. 函数内部定义的局部变量当函数调用结束后被自动删除。（ ）

111. 形参可以看作是函数内部的局部变量，函数运行结束之后形参就不可访问了。（ ）

112. 在函数内部没有任何声明的情况下直接为某个变量赋值，这个变量一定是函数内部的局部变量。（ ）

113. 递归函数是指函数内部包含对本函数的再次调用。（ ）

114. lambda 用于定义简单的、能够在一行内表示的函数。（ ）

115. g = lambda x: 3 不是一个合法的赋值表达式。（　）

116. 执行语句 g = lambda x,y:x+y;g("a","b")后的输出结果为'ab'。（　）

117. 执行语句 g = lambda x,y:x*y 后，g 的值是数值类型。（　）

118. 函数定义 def f(x=1,y=2,z):pass 是正确的。（　）

119. 可以使用 pyinstaller 扩展库把 Python 源程序打包成 exe 文件，从而脱离 Python 环境在 Windows 平台上运行。（　）

120. Python 程序只能在安装了 Python 环境的计算机上以源代码形式运行。（　）

121. 只有 Python 扩展库需要导入以后才能使用其中的对象，Python 标准库不需要导入即可使用其中的所有对象和方法。（　）

122. 使用 builtins 模块库中的函数时，需要先使用 import 语句将其导入系统。（　）

123. Python 标准库 random 的方法 randint(m,n)用来生成一个[m,n]区间上的随机整数。（　）

124. 使用 random 模块的函数 random()获取随机数时，有可能会得到 1。（　）

125. 使用 random 模块的函数 random.randrange(1,10)获取随机数时，有可能会得到 10。（　）

126. 使用 random 模块的函数 random.uniform(1,5)，可以生成一个[1,5]之间的随机小数。（　）

127. 假设 random 模块已导入，则表达式 random.sample(range(10), 7) 的作用是生成 7 个不重复的整数。（　）

128. 如果只需使用 math 模块中的 sin()函数，那么建议使用 from math import sin 来导入，而不要使用 import math 导入整个模块。（　）

129. 安装 Python 扩展库时只能使用 pip 工具在线安装，如果安装不成功就没有别的办法了。（　）

130. “模块编程”是指尽可能利用第三方库进行代码复用探究运用库的系统方法。（　）

131. 使用 import 语句和 from 语句执行导入操作时，导入的模块中的全部语句都会随时被调用执行。（　）

132. jieba 分词的精准模式是将文本分割成词汇，将分割结果拼接起来还是原文，不会有重叠的字句。（　）

133. 利用 Python 做数据分析时，可以用第三方库词云 wordcloud 来对数据进行可视化分析。（　）

134. jieba 是 Python 中文分词的标准库。（　）

135. turtle.width()和 turtle.pensize()都是用来设置画笔尺寸的。（　）

136. begin_fill()属于 turtle 库的颜色控制函数。（　）

137. 利用 datetime 标准库的 datetime.now()，只能获取当前系统的日期。（　）

138. 对文件进行读写操作之后，可以不必使用 close()关闭文件，系统就能自动将所有内容都保存在磁盘上。（　）

139. 以读模式打开文件时，文件指针指向文件开始处。（　）

140. 以追加模式打开文件时，文件指针指向文件尾。（　）

141. f=open('demo.txt','r+')，只能从 demo.txt 文件读数据，不能向该文件写数据。（　）

142. read()和 readlines()方法都可以一次性读取文件中的所有数据。（　）

143. Python 中，使用 class 关键字来声明一个类。（　）

144. 在定义一个类的时候，如果在类名后面紧跟一对括号，就说明创建的这个类是一个父类。（　）

145. Python 中声明类时可以定义一个构造方法，在创建对象时，可以使用__init__()方法名来调用该方法。（　）

146. pandas、numpy 都是 Python 数据分析的第三方库。（　）

147. numpy 库中处理的最基本数据类型是具有相同类型元素构成的数组。（　）

148. numpy 数组是一个多维数组对象，numpy 数组的下标从 1 开始。（　）

149. 语句 import numpy as np;a=np.array([1,2,3,4,5]);a[::-1]的输出结果为 array([4, 3, 2, 1])。（　）

150. 利用 pandas 库可以导入 Excel 表格文件，并且可以使用 pandas 库丰富的工具函数高效率地进行数据统计和分析。（　）

三、程序填空题

1. 求 1 到 100 的和。

```
######FILL######
____①____
######FILL######
for i in range(1,____②____):
    sum += i
print('1 到 100 的和是：', sum)
```

2. 函数 greater()返回两个数中的最大值。

```
def greater(x, y):
    if x > y:
######FILL######
        ____①____
    else:
######FILL######
        ____②____
x = 4
```

```
y = 5
g = greater(x, y)
print(g)
```

3. 以如下格式逐个输出字符串中的字符。

```
a
b
c
d
'''
str = 'abcd'
i = 0
######FILL######
while i < ____①____:
        print(str[i])
######FILL######
        ____②____
```

4. 对中文字符串进行分词，并存入列表l1 中。

```
######FILL######
____①____
s='十月一日是国庆节'
######FILL######
l1 = jieba.lcut(____②____)
print(l1)
```

5. 字符串中各个字符出现的次数。

```
str ='matplotlib'
dict_str = {}
for c in str:
######FILL######
    if c ____①____ dict_str:
        dict_str[c] = 1
    else:
######FILL######
        dict_str[c] += ____②____
print(dict_str)
```

6. 定义函数，求圆的面积。

```
radius = 5
######FILL######
```

```
def get_area(____①____):
    area = 3.14 * rd * rd
######FILL######
    ____②____
circle_area = get_area(radius)
print('圆的面积是: ', circle_area)
```

7. 绘制边长为 200 的正方形。

```
######FILL######
____①____
for i in range(4):
    tr.forward(200)
######FILL######
    tr.left(____②____)
```

8. 输入两个整数，然后比较这两个数的值，按照由小到大的顺序输出。

```
a = int(input("请输入变量 a 的值: "))
b = int(input("请输入变量 b 的值: "))
######FILL######
if ____①____:
######FILL######
   a,b = ____②____
print('{},{}'.format(a,b))
```

9. arr 列表里面存放的是斐波那契数列的值，在程序运行结束后，arr 列表里面共有十个值，填空完成下列程序。

```
arr = [1, 1]
######FILL######
for i in range(2,____①____):
    n = arr[i-1]+arr[i-2]
######FILL######
    arr.____②____
print(arr)
```

10. 求 1 到 100 之间偶数的和（包括 100）。

```
sum = 0
######FILL######
for i in range(1,____①____):
######FILL######
    if ____②____:
        sum += i
```

```
print('1 到 100 的偶数的和是：',sum)
```

11. 让程序给你随机选择一种饮品。

```
######FILL######
import ___①___
list_drink = ['coffe', 'water', 'orange juice', 'tea']
######FILL######
my_drink = random.___②___(list_drink)
print('my drink is :',my_drink)
```

12. 你的点餐品种和价格存在于 dict_menu 字典中，求你的账单总数，并打印。

```
dict_menu = {'卡布奇诺':32, '摩卡':30,'蛋糕':28,'布朗尼':26}
######FILL######
___①___
######FILL######
for i in ___②___:
    sum += i
print('我的账单共花费：',sum )
```

13. list_fruits 列表是你从超市购买的水果列表，你又想把'apple'也加入列表中，然后按照单词长度排序后输出如下：['fig', 'apple', 'orange', 'strawberry']。

```
list_fruits = ['strawberry', 'fig', 'orange']
######FILL######
list_fruits.___①___
######FILL######
ls=sorted(list_fruits,key=___②___)
print(ls)
```

14. 画一个实心圆，要求半径为 200，线宽为 10，填充色为红色。

```
import turtle
######FILL######
turtle.___①___
######FILL######
turtle.color('green',___②___)
turtle.pensize(10)
turtle.circle(200)
turtle.end_fill()
```

15. 用列表推导生成 100 以内偶数的平方根。

```
######FILL######
import ___①___
```

```
######FILL######
ls = [ math.sqrt(x) for x in range(100) if ____②____]
print(ls)
```

16. 从键盘输入 4 个数字，各数字采用空格分隔，对应变量为 x0,y0, x1, y1。计算两点(x0,y0)和(x1, y1)之间的距离，屏幕输出这个距离，保留 2 位小数。例如，键盘输入 0、1、3、5，屏幕输出 5.00。

```
ntxt = input("请输入 4 个数字(空格分隔):")
######FILL######
nls=ntxt.____①____
x0 = eval(nls[0])
y0 = eval(nls[1])
x1 = eval(nls[2])
y1 = eval(nls[3])
######FILL######
r = pow(pow(x1-x0, 2) + pow(y1-y0, 2),____②____)
######FILL######
print("{:____③____}".format(r))
```

17. a 和 b 是两个列表变量，列表 a 为[3,6,9]已给定，程序运行时从键盘输入列表 b，计算 a 中元素与 b 中对应元素乘积的累加和。例如，键盘输入列表 b 为[1,2,3]，累加和为 1*3+2*6+3*9=42，因此屏幕输出计算结果为 42。

```
a = [3,6,9]
b =  eval(input())
######FILL######
____①____
######FILL######
for i in ____②____:
    s += a[i]*b[i]
print(s)
```

18. 键盘输入一段中文文本，保存在一个字符串变量 s 中，分别用 Python 内置函数及 jieba 库中已有函数计算字符串 s 的中文字符个数及中文词语个数。注意：中文字符包含中文标点符号。

例如，键盘输入：

```
俄罗斯举办世界杯
```

屏幕输出：

```
中文字符数为 8，中文词语数为 3。
import jieba
```

```
s = input("请输入一个字符串")
######FILL######
n = ____①____
######FILL######
m = ____②____
print("中文字符数为{}，中文词语数为{}。".format(n, m))
```

19. 程序输出序列平方：[0, 1, 4, 9, 16, 25, 36, 49, 64, 81]。

```
squares = []
######FILL######
for x in range(0,____①____):
######FILL######
    squares.____②____
print(squares)
```

20. 完成以下程序，判断输入的年份是否是闰年，若是闰年则输出“是闰年”，否则输出“非闰年”。某年份如果能被 4 整除且不能被 100 整除，或者这一年份能被 400 整除，那么这个年份就是闰年。

```
######FILL######
year = ____①____(input('输入年份：'))
######FILL######
if((year % 4 == 0 ____②____ year %100 !=0) or (year % 400 == 0)):
    print('是闰年')
else:
    print('非闰年')
```

21. 输入两个数，求这两个数的最大公约数。

```
n1 = int(input('输入第一个数：'))
n2 = int(input('输入第二个数：'))
gcd = 1
k = 2
######FILL######
while k <= n1 ____①____ k <= n2:
     if n1 % k == 0 and n2 % k == 0:
######FILL######
          ____②____ = k
######FILL######
     k += ____③____
print(n1,'和',n2,'的最大公约数是：', gcd)
```

22. 二分搜索（折半查找）。

```
lst = list(range(1,10000))
low = 0
high = len(lst) - 1
key = 8000
index = 0
while high >= low:
#####FILL######
    mid = (low + high) //____①____
    if key <lst[mid]:
#####FILL######
        high = ____②____
    elif key == lst[mid]:
        index = mid
        break
    else:
#####FILL######
        low = ____③____
print('找到的数的位置是', index)
```

23. 输入你的成绩，输出你的得分等级。

```
your_score = int(input('输入你的成绩'))
def get_grade(score):
if score >= 90:
    return 'A'
elif score >= 80:
#####FILL######
    ____①____
elif score >= 70:
    return 'c'
elif score >= 60:
    return 'D'
#####FILL######
____②____:
    return 'F'
#####FILL######
your_grade = get_grade(____③____)
print('你的分数等级是：',your_score)
```

24. 用 turtle 库画一个绿色填充的实心圆，实心圆的半径为 100。

```
#####FILL######
import turtle ____①____ t
```

```
t.begin_fill()
t.color("purple")
#####FILL######
t.____②____
#####FILL######
t.____③____
t.done()
```

25. 有四个数字：1、2、3、4，能够组成多少个互不相同且无重复数字的三位数？各是多少？

```
n=0
for x in range(1,5):
    for y in range(1,5) :
    ######FILL######
        if ____①____:#增加 if 条件语句，让循环要产生的数字减少，更省运行时间
            for z in range(1,5):
            ######FILL######
                if ____②____:
                    print("{}{}{}".format(x,y,z))
print("tatal {}".format(n))
```

26. 企业发放的奖金根据利润提成。利润(i)低于或等于 10 万元时，奖金可提 10%；利润高于 10 万元低于 20 万元时，低于 10 万元的部分按 10%提成，高于 10 万元的部分可提成 7.5%；利润在 20 万元到 40 万元之间时，高于 20 万元的部分可提成 5%；利润在 40 万元到 60 万元之间时，高于 40 万元的部分可提成 3%；利润在 60 万元到 100 万元之间时，高于 60 万元的部分可提成 1.5%；利润高于 100 万元时，超过 100 万元的部分按 1%提成。从键盘输入当月利润 i，求应该发放的奖金总数？

```
def cal2(i):
    profit=[1000000,600000,400000,200000,100000,0]
    rate = [0.01,0.015,0.03,0.05,0.075,0.1]
######FILL######
    ____①____
    for x in range(0,6):
######FILL######
        if____②____ :
            bonus += (i-profit[x])*rate[x]
            i=profit[x]
print(bonus)
cal2(i)
```

27. 在 1～100 范围内随机产生 10 个数构成一个列表，输入一个整数，用二分法查

找，若找到则输出其索引，否则输出“Not found!”。

```
import random
x=[random.randint(1,100) for i in range(10)]
x.sort()
print(x)
n=eval(input('input an integer[1,100]:'))
flag=False
low=0
high=len(x)-1
while low<=high:
   mid=(high+low)//2
   if x[mid]==n:
######FILL######
      ____①____
      break
   elif x[mid]>n:
      high=mid-1
   else:
######FILL######
      low=____②____
if flag==True:
   print('找到了！索引是{}'.format(n,mid))
else:
   print('Not found!')
```

28. 输入三个整数 x,y,z，请把这三个数由小到大输出。

```
######FILL######
l=____①____
for i in range(3):
   x=int(input("请输入一个数:"))
   l.append(x)
######FILL######
____②____
print(l)
```

29. 输入一个学生的百分制成绩：学习成绩大于等于 90 分的用 A 表示，60～89 分之间的用 B 表示，60 分以下的用 C 表示。

```
######FILL######
score=____①____(input("输入学生的成绩:"))
if score<60:
```

```
    grade="C"
elif score<=89:
    grade="B"
else:
    grade="A"
######FILL######
print("{},{}" .____②____ (score,grade))
```

30. 求两个整数的最大公约数。

```
m=eval(input())
n=eval(input())
if m<n:
    m,n=n,m
######FILL######
for i in range(____①____,0,-1):
    if m%i==0 and n%i==0:
######FILL######
        ____②____
print('最大公约数：',i)
```

31. 输入一行字符，分别统计出其中英文字母、空格、数字和其他字符的个数。

```
s=input("输入一串字符：")
le=0
sp=0
nu=0
others=0
######FILL######
for i in ____①____ :
    if i.isalpha():
        le+=1
    elif i.isdigit():
        nu+=1
    elif i.isspace():
        sp+=1
######FILL######
        ____②____
        others+=1
print(le,sp,nu,others)
```

32. 求 s=a+aa+aaa+aaaa+aa…a 的值，其中 a 是一个数字。例如，2+22+222+2222+22222（此时共有 5 个数相加）。

```
def fun(a,n):
    t=0
    s=0
    for i in range(n):
    ######FILL######
        t=____①____
        s+=t
    ######FILL######
    return____②____
print(fun(2,5))
```

33. 一球从100米高度自由落下，每次落地后反跳回原高度的一半；再落下，求它在第n次落地时，共经过多少米？第n次反弹多高？

```
n=int(input("输入小球反弹的次数: "))
h=100.0
record=[]
length=100
######FILL######
for i in range(____①____):
    h=h/2
    record.append(h)
for i in record[:-1]:
    length += 2*i
print(length)
######FILL######
print(____②____)
```

34. 猴子吃桃问题：猴子第一天摘下若干个桃子，当即吃了一半，还不过瘾，又多吃了一个；第二天早上又将剩下的桃子吃掉一半，又多吃了一个。以后每天早上都吃了前一天剩下的一半零一个。到第10天早上猴子想再吃桃子时，发现只剩下一个桃子了。求猴子第一天共摘了多少个桃子？

程序代码：

```
def peach(n):
    if n==1:
######FILL######
        return____①____
    else:
######FILL######
        return ____②____            #n=10 这一行代码也是运行了 9 次
print(peach(10))
```

35. 打印出如下图案（菱形），菱形的行数可以任意输入：

```
   *
  ***
 *****
*******
 *****
  ***
   *
```

```
number=int(input("请输入菱形的行数（奇数）："))
n=int((number+1)/2)
for i in range(1,n+1):
######FILL######
    print(' '*(n-i)+'*'*(____①____))
######FILL######
for i in range(1,____②____ ):
    print(' '*i+'*'*((n-1-i)*2+1))
```

36. 有一分数序列：2/1，3/2，5/3，8/5，13/8，21/13，…求出这个数列的前 20 项之和。

```
a=1
b=2
######FILL######
____①____
for i in range(0,20):
   total+=b/a
######FILL######
   a,b= ____②____
print(total)
```

37. 求 1+2!+3!+…+20!的和。

```
l=range(1,21)
def f(x):
num=1
######FILL######
   for i in range(1,____①____ ):
      num*=i
   return num
######FILL######
s=____②____ (map(f,l))
print(s)
```

38. 利用递归函数调用方式，输出斐波那契数列（1、1、2、3、5…）的第 10 项。

```
def fun(n):
    if n==1 or n==2:
######FILL######
          ____①____
    else:
######FILL######
        return ____②____
print(fun(10))
```

39. 有五个人坐在一起，问第五个人多少岁？他说自己比第四个人大两岁。问第四个人岁数，他说自己比第三个人大两岁。问第三个人，他说自己比第二个人大两岁。问第二个人，他说自己比第一个人大两岁。最后问第一个人，他说自己十岁。请问第五个人多少岁？

```
def fun(x):
######FILL######
    if ____①____:
        return 10
    else:
######FILL######
        return ____②____
print(fun(5))
```

40. 输入一个正整数，求输入的是几位数，并逆序打印出各位数字。

```
num=input("请输入一个正整数:")
######FILL######
print(____①____)
######FILL######
for i in range(____②____,-len(num)-1,-1):
    print(num[i])
```

41. 一个 5 位数，判断它是否为回文数。例如，12321 是回文数，个位与万位的数字相同，十位与千位的数字相同。

```
num=input("please enter a number:")
######FILL######
if num== ____①____:
    print("这是一个回文数")
######FILL######
____②____
    print("这不是一个回文数")
```

42. 竞赛有 5 个评委，每个评委给每个作品打分（0～10 分），去掉一个最高分和一个最低分，最终得分是剩下得分的平均分。5 个作品的名字“作品 1”～“作品 5”存放于列表 zp 中，每个评委的评分存放在列表 score 中。要求：

（1）构建一个字典存放每个作品的作品名和最终得分。

（2）按得分降序排列输出字典内容。

```
zp=[]
for i in range(1,6):
######FILL######
    zp.append('作品'+____①____ )
score=[[9,8,9,7,8],[6,8,7,8,7],[9,9,10,8,9],[9,7,6,8,7],[8,8,7,8,
6]]
final_score=[]
for i in score:
######FILL######
    t=____②____
    del(t[0])
    del(t[-1])
    final_score.append(round(sum(t)/len(t),2))
d=dict(zip(zp,final_score))
ditems=list(d.items())
######FILL######
ditems.sort(key=lambda i:i[1],reverse=____③____ )
for k,v in ditems:
    print(k,':',v)
```

43. 求一个 3*3 矩阵主对角线元素之和。

```
a=[]
for i in range(0,3):
######FILL######
     a.append(____①____)
     for j in range(0,3):
         a[i].append(int(input("请输入矩阵中的元素：")))
     total =0
for i in range(0,3):
######FILL######
    ____②____
print(a)
print(total)
```

44. 输出 1000 以内所有完数及其真因子。

```
wsh=[]  #存放完数
yz=[]   #存放真因子
for n in range(1,1001):
    t=[]
    for i in range(1,n):
        if n%i==0:
######FILL######
            t.___①___
######FILL######
    if n== ___②___ :
        wsh.append(n)
        yz.append(t)
for i in range(len(wsh)):
    print(wsh[i],':',yz[i])
```

45. 将 test.txt 文件中所有小写字母转换为大写字母，然后保存至文件 test_copy.txt 中。

```
######FILL######
f=open('test.txt',___①___)
######FILL######
g=open('test_copy.txt',___②___)
temp=f.read().upper()
######FILL######
g.___③___
f.close()
g.close()
```

46. 逐行输出 test.txt 文件的所有字符。

```
f=open('test.txt','r')
while True:
######FILL######
    line=___①___
######FILL######
    if ___②___ :
        break
    else:
        print(line)
```

47. 编程输出绿色四叶草，如图 3-1 所示。

```
######FILL######
___①___
turtle.color("green")
```

```
turtle.begin_fill()
for i in range(4):
######FILL######
    ___②___
    turtle.circle(50, 180)
turtle.end_fill()
turtle.done()
```

图 3-1 填空题 47

48. 判断 101～200 之间有多少个素数,并输出所有素数。

```
h = 0
for m in range(101,201):
    for i in range(2,m):
        if m % i == 0:
######FILL######
            ___①___
######FILL######
    ___②___:
        print(m)
        h += 1
print('含有的素数个数为: ',h)
```

49. 统计字符串中不同单词出现的次数，创建一个字典，键是单词，值是次数。

```
def f(s):
######FILL######
    ls = s.___①___
    d = {}
    for i in ls:
######FILL######
        d[i] = d.___②___ +1
    return d
s = 'apple pear apple orange banana apple pear papaya orange apple'
print(f(s))
```

50. 创建 5 个学生的入学成绩字典，键-值对是“学号:[姓名,入学成绩]”。

要求：

（1）输出平均入学成绩，保留 1 位小数。

（2）输出入学成绩最高的学生信息。

```
d={'1':['Tom',598],'2':['Jerry',615],'3':['Mary',600],
'4':['Rose',615],'5':['Jhon',576]}
cj=[]
######FILL######
```

```
for i in d.____①____ :
    cj.append(i[1])
pjf=round(sum(cj)/len(cj),1)
print('平均入学成绩：',pjf)
######FILL######
zgf=____②____
print('最高分：',zgf)
for i in d:
######FILL######
    if zgf ____③____ d[i]:
        print(d[i])
```

四、程序改错题

1. 猜数。在 0～10 中随机产生一个数，输入自己猜的数，猜中显示“you got it!”，猜错重新猜，直到猜中为止，统计猜的次数。

```
import random
#######ERROR######
arget_number=randint(0,10)
guess_times=0
flag=0
#######ERROR######
while true:
    guess_number=int(input("please input your guess number:"))
    guess_times+=1
    if guess_number>target_number:
        print("bigger!")
    elif guess_number<target_number:
        print("less!")
    else:
        print("you got it!")
        break
#######ERROR######
print(一共猜了{}次.format(guess_times))
```

2. 若一个数恰好等于它的真因子之和，则这个数称为“完数”。例如，6 的真因子为 1、2、3，而 6=1+2+3，因此 6 是“完数”。编写程序找出 1000 之内的所有完数，并输出其因子。

```
for i in range(1,1001):
#######ERROR######
    s = 1
```

```
    for j in range(1,i):
######ERROR######
        if i//j==0:
            s=s+j
    if s==i:
        print('{} its factors are '.format(i),end='')
######ERROR######
        for j in range(i):
            if i % j == 0:
                print(j,end=' ')
        print('\n')
```

3. 一家商场在降价促销。如果购买金额在 50～100 元（包含 50 元和 100 元）之间，就会给 10%的折扣；如果购买金额大于 100 元，就会给 20%的折扣。编写一个程序，询问购买价格，再显示出折扣（10%或 20%）和最终价格。

```
customer_price=float(input("please input pay money:"))
######ERROR######
if 100=>customer_price>= 50:
    print("disconunt 10% ,after discount you shoud pay {}".format
(customer_price*(1-0.1)))
######ERROR######
else customer_price >100:
######ERROR######
    print("disconunt 20% ,after discount you shoud pay {}".format
(customer_price*0.2))
else:
    print("disconunt 0% ,after discount you shoud pay {}".format
(customer_price))
```

4. 程序运行时从键盘输入十个学生的成绩，统计最高分、最低分和平均分。ma 代表最高分，mi 代表最低分。

```
p=[]
for i in range( 10):
    x=eval(input())
######ERROR######
    p.insert(x)
######ERROR######
ma=0
mi=p[0]
######ERROR######
for i in range(1,9):
```

```
    if p[i]>ma:
        ma=p[i]
    if p[i]<mi:
        mi=p[i]
print("max=",ma,"min=",mi)
```

5. 函数 f 求斐波那契数列第 i 个元素。前两个元素分别是 0 和 1，调用 f 函数输出第 10 个元素。

```
######ERROR######
def f(n):
    if n==0:
        return 0
    elif n==1:
        return 1
    else:
        return f(n-1)+f(n-2)
######ERROR######
print(f[9])
```

6. 输入一个年份，输出是否为闰年。闰年条件：能被 4 整除但不能被 100 整除，或者能被 400 整除的年份都是闰年。

```
a=int(input("please input  year:"))
######ERROR######
if a%4!=0 and a%100==0:
        print("{} is a leap year!".format(a))
######ERROR######
else a%400==0:
        print("{} is a leap year!".format(a))
else:
        print("{} is not a leap year!".format(a))
```

7. 从键盘输入 10 个整数存入序列 p 中，其中所有相同的数在 p 中只存入第一次出现的数，其余的都被剔除。

```
s=[]
for i in range(10):
    x=int(input())
######ERROR######
    s.insert(x)
p=set()
print(s)
for x in s:
```

```
######ERROR######
    p.append(x)
print(p)
```

8. 打印出所有的“水仙花数”。“水仙花数”是指一个 3 位数，其各位数字立方和等于该数本身。例如，153 是一个水仙花数，因为 $153=1^3+5^3+3^3$。

```
for i in range(1000):
    if i<100:
######ERROR######
        break
    s = 0
    a = int(i//100)
######ERROR######
    b = int(i%10//10)
    c = int(i%10)
    s = a**3+b**3+c**3
######ERROR######
    if s = i:
        print("{} 是水仙花数".format(i))
```

9. 有 5 名某界大佬 xiaoyun、xiaohong、xiaoteng、xiaoyi 和 xiaoyang，其 QQ 号分别是 88888、5555555、11111、12341234 和 1212121，用字典将这些数据组织起来（输入 qq 号为“0”时结束输入）。编程实现以下功能：用户输入某一个大佬的姓名后输出其 QQ 号，若输入的姓名不在字典中，则输出“Not Found”。

程序框架如下：

```
#输入格式：字符串
#输出格式：字符串
#输入样例：xiaoyun
#输出样例：88888
d={}
print('please input key:')
key=input()
print('please input value:')
value=input()
######ERROR######
while key!=0:
######ERROR######
    d['key']=value
    print('please input key:')
    key=input()
```

```
        print('please input value:')
        value=input()
    print(d)
    print('please input find-key:')
    key=input()
    print(d.get(key,'not found'))
```

10. 创建 5 个学生的成绩列表：①基于姓名和平均分创建字典 dpj 并输出。②输出平均分最高的学生信息。

```
student=[{'no':1,'name':'Rose','score':[90,85,75]},{'no':2,'name'
:'Josh','score':[80,95,70]},{'no':3,'name':'Mary','score':[60,85,
65]},{'no':4,'name':'Tom','score':[50,55,75]},
{'no':5,'name':'Jerry','score':[90,55,65]}]
dpj={}
lxm=[]
lcj=[]
lpj=[]
for i in student:
#######ERROR######
    lxm.append(i[name])
    lcj.append(i['score'])
for i in lcj:
    lpj.append(round(sum(i)/len(i),1))
#######ERROR######
dpj=zip(lxm,lpj)
print('学生的平均成绩字典：')
print(dpj)
zgf=max(lpj)
for k,v in dpj.items():
#######ERROR######
    if v!=zgf:
        print('平均分最高的学生是：{}，平均分是：{}'.format(k,v))
```

11. 猜数。在 0～10 中随机产生一个数，输入自己猜的数，猜中显示“you got it!”，猜错重新猜，只允许猜 3 次，3 次都猜错退出。

```
import random
target_number=random.randint(0,10)
guess_times=3
#######ERROR######
while guess_times>1:
    guess_number=int(input("please input your guess number:"))
```

```
    if guess_number>target_number:
        print("bigger")
    elif guess_number<target_number:
        print("less")
    else:
        print("you got it")
######ERROR######
        continue
    guess_times-=1
######ERROR######
if guess_times=0:
    print("HAHA,target_number is ",target_number)
    print("you lose!")
```

12. 输出 1～105 之间不能被 7 整除的数，每行输出 10 个数字。

```
j=0
######ERROR######
while i in range(105):
    if i>0 and i % 7 == 0:
        continue
    elif i>0:
        print("{:3d}".format(i), end=' ')
        j += 1
######ERROR######
        if j//10 == 0:
            print()
            j = 0
    else:
######ERROR######
        break
```

13. 利用内置函数 chr()、ord()及 random 模块编写一个简单的 4 位随机验证码。

```
import random
######ERROR######
tmp=0
for i in range(4):
    n=random.randrange(0,2)
    if n==0:
        num = random.randrange(65, 91)
        tmp+=chr(num)
######ERROR######
```

```
        elif:
            k=random.randrange(0,10)
            tmp+=str(k)
    print(tmp)
```

14. 设有 n 个数已按升序排列好并存于序列 a 中，利用二分检索方法查找数据 x 是否在序列 a 中。

```
a=[1,3,5,8,9,10,12,17,21,57]
x=eval(input("输入待查数据: "))
######ERROR######
n=len("a")
lower=0
upper=n-1
flag=-1
######ERROR######
while flag==1 and lower<=upper:
    mid=int((lower+upper)/2)
    if x==a[mid]:
        flag=1
    elif x<a[mid]:
        upper=mid-1
    else:
        lower=mid+1
######ERROR######
if flag==-1:
    print("已找到",x)
    print("位置是",mid+1)
else:
    print("未找到",x)
```

15. 输入年、月、日，判断这一天是这一年的第几天。

```
year=int(input('请输入年份: '))
month=input('请输入月份: ')
day=int(input('请输入日期: '))
dic={'1':31,'2':28,'3':31,'4':30,'5':31,'6':30,'7':31,\
    '8':31,'9':30,'10':31,'11':31,'12':30}
######ERROR######
days=1
if ((year%4==0)and (year%100!=0)) or (year%400==0):
######ERROR######
    dic[2]=29
```

```
if int(month)>1:
    for obj in dic:
        if month==obj:
#######ERROR######
            for i in range(int(obj)):
                days+=dic[str(i)]
    days+=day
else:
    days=day
print('{}年{}月{}日是该年第{}天'.format(year,month,day,days))
```

16. 从键盘输入10个整数，用冒泡法将数据按照从小到大排序后存入序列中。

```
#######ERROR######
x=()
for i in range(10):
     x.append(int(input('输入一个数：')))
for i in range(9):
     for j in range(10-1-i):
          if x[j]>x[j+1]:
#######ERROR######
               x[j],x[i]=x[i],x[j]
print("排序后数据：",x)
```

17. 从键盘输入n个数，用选择法将数据按照从大到小排序后存入序列中。

```
n=int(input('输入数据的个数：'))
x=[]
for i in range(n):
     m= int(input('输入一个数：'))
#######ERROR######
     x.extend(m)
for i in range(n-1):
     k=i
     for j in range(i,n):
          if x[k]>x[j]:
               k=j
#######ERROR######
     if k==i:
          x[i],x[k]=x[k],x[i]
print("排序后数据：",x)
```

18. 生成一个包含100个两位随机数的列表，统计每个数出现的次数。

```
import random
s=[]
for i in range(100):
    x=random.randint(10,99)
######ERROR######
    s.insert(x)
s.sort()
a=len(s)
while a!=0:
######ERROR######
    b=s[a]
    print(b,"出现的次数为",s.count(b))
    while b in s:
######ERROR######
        s.pop(b)
    a=len(s)
```

19. 将列表中的元素按照逆序重新存放。（用循环结构实现）

```
n=int(input('输入数据个数:'))
x=[]
for i in range(n):
    a=int(input('输入一个数:'))
x.append(a)
######ERROR######
for i in range(n/2):
######ERROR######
    x[i],x[n-i]=x[n-i],x[i]
print('逆序为:',x)
```

20. 输入一行字符，分别统计出其中英文字母、空格、数字和其他字符的个数。

```
s =input('请输入字符串: ')
dic={'letter':0,'integer':0,'space':0,'other':0}
for i in s:
######ERROR######
    if i >'a' and i<'z' or i>'A' and i<'Z' :
        dic['letter'] +=1
    elif i in '0123456789':
######ERROR######
        dic['integer'] =1
    elif i ==' ':
        dic['space'] +=1
```

```
    else:
        dic['other'] +=1

print('统计字符串：',s)
for i in dic:
######ERROR######
    print('{}={}'.format(dic[i],dic[i]))
```

21. 判断字符串是否是回文。

```
text=input("请输入一个字符串：")
######ERROR######
n=text
######ERROR######
flag=0
for i in range(n//2):
######ERROR######
    if text[n-i]!=text[i]:
        flag=0
if flag==1:
    print(text,"是回文")
else:
    print(text,"不是回文")
```

22. 随机生成由 4 个英文字符和数字组成的 4 位验证码，然后从键盘输入验证码，并验证输入是否正确。

```
import random
checkcode =""
######ERROR######
for i in range(1,4):
    index = random.randint(0,3)
    if index ==0:
        checkcode += chr(random.randint(97,122))
    elif index == 1:
        checkcode += chr(random.randint(65,90))
    else:
        checkcode += str(random.randint(0,9))
print("当前验证码为：",checkcode)
pw=input("请输入验证码")
for i in range(4):
######ERROR######
    if  pw[i]= =checkcode[i]:
```

```
        break
#######ERROR######
if i==4:
    print("验证码正确")
else:
    print("验证码错误")
```

23. 矩阵乘法。已知 m×n 矩阵 A 和 n×p 矩阵 B，试求矩阵乘积 C=A×B。

$$C_{ij} = \sum_{k=1}^{n} A_{ik} B_{kj} \qquad 1 \leqslant i \leqslant m \quad 1 \leqslant j \leqslant p$$

```
a=[[2,1],[3,5],[1,4]]
b=[[3,2,1,4],[0,7,2,6]]
c=[[0]*len(b[0]) for i in range(len(a))]
print(c)
for i in range(len(a)):
#######ERROR######
    for j in range(1,len(b[0])):
        t=0
        for k in range(len(b)):
######ERROR######
            t+=a[i][k]*b[j][k]
#######ERROR######
        c[i][j]=t
print("Matrix a:")
for i in range(len(a)):
    print(a[i])
print("Matrix b:")
for i in range(len(b)):
    print(b[i])
print("Matrix c:")
for i in range(len(c)):
    print(c[i])
```

24. 编写程序，利用泰勒级数 $\sin x \approx x - \frac{x^3}{3!} + \frac{x^5}{5!} - \frac{x^7}{7!} + \frac{x^9}{9!} - \cdots$，计算 sin x 的值。要求最后一项的绝对值小于 10^{-5}，并统计此时累加了多少项。

```
angle=eval(input("输入角度"))
x=angle*3.14/180
sinx=x
n=1
f=x
```

```
######ERROR######
while abs(f)<=10**(-5):
    n=n+1
    s=1
######ERROR######
    for i in range(1,2*n-1):
        s=s*i
    flag=(-1)**(n+1)
    k=x**(2*n-1)
######ERROR######
    f=flag*k/s
    sinx=sinx+f
print("共累加{}项.".format(n))
print("角度{}，则 sin(x)={:5.3f}.".format(angle,sinx))
```

25. 统计输出某段文字中单词的词频，并给出词频最高的 10 个单词。

```
s='''Beautiful is better than ugly.
Explicit is better than implicit.
Simple is better than complex.
Complex is better than complicated.
Flat is better than nested.
Sparse is better than dense.
Readability counts.
Special cases aren't special enough to break the rules.
Although practicality beats purity.
Errors should never pass silently.'''
p='.-*,!'
######ERROR######
if i in p:
    s=s.replace(i,' ')
ls=s.split()
######ERROR######
d=[ ]
for i in ls:
    d[i]=d.get(i,0)+1
ld=list(d.items())
ld.sort(key=lambda x:x[1],reverse=True)
print('单词总数：',len(ld))
print('词频最高的前 10 个单词：')
for i in range(10):
######ERROR######
```

```
    word,n=ld
print('{:<17}{:>2}'.format(word,n))
```

26. 以下代码实现从键盘输入一个字符串，将字符串中的小写字母变成它的下一个小写字母，即 a 变成 b，b 变成 c，…，z 变成 a，字符串中的其他字符不变。

```
s=input()
news=""
for x in s:
#######Error#########
    if x>='a' and x<='z':
        news+=chr(ord(x)+1)
    elif x=='z':
#######Error#########
        news+=x
    else:
        news+=x
print(news)
```

27. 下面程序的功能是生成包含 20 个随机数的列表，然后将前 10 个元素升序排列，后 10 个元素降序排列，最后输出结果。

```
import random
x=[random.randint(0,100) for i in range(20)]
print(x)
#######Error#########
y=x[1:10]
y.sort()
x[0:10]=y
y=x[10:20]
#######Error#########
y.sort(reverse=False)
x[10:20]=y
print(x)
```

28. 本程序通过计算确定一个数字是否为“快乐”数字。“快乐数字”按照如下方式确定：从一个正整数开始，用其每位数的平方之和取代该数，并重复这个过程，直到最后数字要么收敛等于 1 且一直等于 1，要么将无休止地循环下去且最终不会收敛等于 1。能够最终收敛等于 1 的数就是“快乐数字”。

例如，19 就是一个“快乐数字”，计算过程如下：

$1^2+9^2=82$

$8^2+2^2=68$

$6^2+8^2=100$

$1^2+0^2+0^2=1$

当输入“快乐数字”时，输出 True，否则输出 False。

```
num=eval(input())
list1=[]
########Error#########
while(num in list1) and (num!=1):
        list1.append(num)
        a=num%10
        b=num//10%10
        c=num//100
        num=a**2+b**2+c**2
########Error#########
if num=1:
        print('true')
else:
        print('false')
```

29. 一只青蛙一次可以跳上 1 级台阶，也可以跳上 2 级台阶。青蛙跳上一个 n 级台阶总共有多少种跳法？以下代码实现从键盘输入台阶数，输出一共有多少种跳法。

```
def frog(step):
########Error#########
        if step==1 and step==2:
                return step
        a=1
        b=2
        c=0
########Error#########
        for i in range(3,step):
                c=a+b
                a=b
                b=c
        return c
step=eval(input())
print(frog(step))
```

30. 本程序编写了多个函数，当输入 n 为偶数时，调用函数求 1/2+1/4+…+1/n；当输入 n 为奇数时，调用函数求 1/1+1/3+…+1/n。

```
def peven(n):
    s = 0
```

```
#######Error#########
    for i in range(2,n + 1):
        s += 1/ i
    return s
def podd(n):
    s = 0
    for i in range(1, n + 1,2):
        s += 1/ i
    return s
def dcall(fp,n):
#######Error#########
    s = peven (n)
    return s
n = int(input('input a number:\n'))
if n % 2 == 0:
    sum = dcall(peven,n)
else:
    sum = dcall(podd,n)
print(sum)
```

31. 下面程序的功能是生成一个 3*3 矩阵，并求其主对角线元素之和。

```
#######Error#########
a = 0
sum = 0.0
for i in range(3):
    a.append([])
#######Error#########
    for j in range(3):
        a[j].append(float(input("input num:\n")))
for i in range(3):
        sum += a[i][i]
print(sum)
```

32. 打印如下杨辉三角形。

1

1 1

1 2 1

1 3 3 1

1 4 6 4 1

1 5 10 10 5 1

1 6 15 20 15 6 1

1 7 21 35 35 21 7 1

1 8 28 56 70 56 28 8 1

1 9 36 84 126 126 84 36 9 1

```
a = []
for i in range(10):
    a.append([])
    for j in range(10):
        a[i].append(0)
for i in range(10):
#######Error#########
        a[i][1] = 1
        a[i][i] = 1
for i in range(2,10):
#######Error#########
    for j in range(2,i):
        a[i][j] = a[i - 1][j-1] + a[i - 1][j]
for i in range(10):
    for j in range(i + 1):
        print(a[i][j],end=' ')
    print()
```

33. 本程序的功能是找到字典中年龄最大的人，并输出其对应的键-值对。

输出结果为:

```
wang,50
```

程序源代码:

```
person = {"li":18,"wang":50,"zhang":20,"sun":22}
m = 'li'
#######Error#########
for key in person.values():
    if person[m] < person[key]:
        m = key
#######Error#########
print('{},{}'.format(m,person[key]))
```

34. 海滩上有一堆桃子，五只猴子来分。第一只猴子把这堆桃子平均分为五份，多了一个，这只猴子把多的一个扔入海中，拿走了一份。第二只猴子把剩下的桃子又平均分成五份，又多了一个，它同样把多的一个扔入海中，拿走了一份。第三、第四、第五只猴子都是这样做的。问海滩上原来最少有多少个桃子？

分析：假设第五只猴子拿走 j 个桃，则最后海滩上还剩 x 个桃，x=4*j，开始倒推，第五只猴子没拿之前海滩上就有 x/4*5+1 个桃子。

根据这个思路，从 j=1 开始，反推每只猴子拿桃之前海滩上桃子的个数，由于它也是上一只猴子拿桃之后的个数（第一只猴子除外），因此这个数需要满足的一个条件是能被 4 整除（上一只猴子拿走之后剩下的均分了 4 等份）。如果每次桃子的个数都满足，那么就得到了结果；如果在反推过程中出现不能被 4 整除的情况，那么就应该去试 j=2 的情况，依次类推。

程序源代码：

```
i = 0
j = 1
x = 0
#######Error#########
while (i < 4) :
    x = 4 * j
    for i in range(0,5) :       #反推每只猴子拿桃之前的桃子个数
        if(x%4 != 0) :
#######Error#########
            continue
        else :
            i += 1
        x = (x/4) * 5 +1
    j += 1
print(x)
```

35. 从键盘输入一个八进制数，然后将其转换为十进制数显示出来。

程序运行过程如下例：

```
please input an octal number:
122
82
```

程序源代码：

```
#######Error#########
n=1
p=input('please input an octal number:\n')
for i in range(len(p)):
#######Error#########
    n=n*8+ord(p)-ord('0')
print(n)
```

36. 下面程序对四位的整数进行加密。加密规则如下：将每位数字都加上 5 之后再

除以 10 取余，用求得的余数代替该位数字，再将第一位数字和第四位数字交换，第二位数字和第三位数字交换。

程序的运行过程及结果为：

输入四个数字：

```
1234
9876
a = int(input('输入四个数字:\n'))
aa = []
aa.append(a % 10)
aa.append(a % 100 // 10)
aa.append(a % 1000 // 100)
########Error#########
aa.append(a / 1000)
for i in range(4):
    aa[i] += 5
    aa[i] %= 10
########Error#########
for i in range(4):
    aa[i],aa[3-i]=aa[3-i],aa[i]
for i in range(3,-1,-1):
    print(aa[i],end='')
```

37. 从键盘输入一些字符串，逐个把它们写入之前磁盘上不存在的文件中，直到输入一个包含“#”的字符串为止。

```
输入文件名:
aa.txt
输入字符串:
hello
输入字符串:
world
输入字符串:
this#
aa.txt 文件中的内容为：helloworld
filename = input('输入文件名:\n')
########Error#########
fp = open(filename , "r+")
ch = ''
########Error#########
while '#' in ch:
    fp.write(ch)
```

```
    ch = input('输入字符串:\n')
fp.close()
```

38. 有两个磁盘文件 test1.txt 和 test2.txt，各存放一行字母，要求先把这两个文件中的字符串合并，然后按照字母顺序排序，输出到一个新文件 test3.txt 中。

```
fp = open('test1.txt')
a = fp.read()
fp.close()
fp = open('test2.txt')
b = fp.read()
fp.close()
fp = open('test3.txt','w')
#######Error#########
l = a + b
l.sort()
#######Error#########
s =''.join(s)
fp.write(s)
fp.close()
```

39. 把文件 test1.txt 中的所有行倒序输出。倒序输出后存到一个新文件 test2.txt 中。

```
new_list=[]
with open("test1.txt","r") as fp:
#######Error#########
    contentList=fp.read()
    for line in contentList[::-1]:
        print(line.strip())
        new_list.append(line)
print(new_list)
with open("test2.txt","w") as fp:
#######Error#########
    fp.writelines(contentList)
```

40. 下面程序中定义了一个函数，可以接收任意多个数值参数，函数返回一个元组。元组的第一个值为所有参数的平均值，第二个值是大于平均值的所有数。

```
def aa(*num):
    m=[]
#######Error#########
    avg=num/len(num)
    for i in num:
        if i>avg:
```

```
            m.append(i)
########Error#########
        return avg
count=aa(3.2,4.5,1.4,5.6,2.8)
print(count)
```

41. 下面的程序定义了两个函数，其中一个函数完成用户注册功能，另一个函数完成三次用户登录功能（用户最多有三次机会输入正确的用户名和密码）。

```
def zc_func():#账号注册
    username = input('请输入您注册的用户名：').strip()
    password = input('请输入您注册的密码：').strip()
########Error#########
    with open('user_pwd','r',encoding='utf-8') as f:
        f.write('{}\n{}'.format(username,password))
    return '恭喜您注册成功！'
def logo_func():#账号登录
    i = 0
    lis = []
    while i < 3:
        uname = input('请输入您的用户名：').strip()
        passwd = input('请输入密码：').strip()
        with open('user_pwd','r',encoding='utf-8') as f:
########Error#########
            for j in lis:
                lis.append(j.strip())
                if uname == lis[0] and passwd == lis[1]:
                    print('登录成功！')
                    break
                else:
                    print('您输入的账号或密码错误，请重新输入！')
                    i += 1
zc_func()
logo_func()
```

42. 下面程序生成一个由字母和数字组成的 6 位随机验证码（使用 random 模块），验证码中至少包含一个数字、一个小写字母、一个大写字母。

```
import random
########Error#########
import date
code_li = []
code_li.append(random.choice(string.ascii_lowercase))
```

```
code_li.append(random.choice(string.digits))
code_li.append(random.choice(string.ascii_uppercase))
while len(code_li) < 6:
########Error#########
    code_li.append(random.choice(string.digits,string.ascii_lowercase,
string.ascii_uppercase))
print(code_li)
q_code=''.join(code_li)
print(q_code)
```

43. 下面程序主要包含以下内容：

（1）一个 Student 类（此类对象的属性有 name, age, score，用来保存学生的姓名、年龄、成绩）。

（2）input_student 函数[读入 n 个学生的信息，用对象来存储这些信息（不用字典），并返回对象的列表]。

（3）output_student 函数（打印这些学生的信息）。

```
class Student():
########Error#########
    def __init__(name, age, score):
        self.name = name
        self.age = age
        self.score = score
def input_student():
    L = []
    while True:
        name = input("姓名:")
        if not name:
            break
        age = input("年龄:")
        score = input("成绩:")
        s = Student(name, age, score)
        L.append(s)
    return L
def output_student(lst):
    for i in lst:
########Error#########
        print("姓名:{}年龄:{}成绩:{}".format(name, age, score))
def main():
    L = input_student()
    output_student(L)
```

```
main()
```

44. 商品列表保存如下：

goods = [{"name": "电脑", "price": 3999},
{"name": "鼠标", "price": 10},
{"name": "游艇", "price": 200000},
{"name": "烤箱", "price": 998},]

本程序完成的功能有：

（1）用“序号+商品名称+商品价格”的格式显示商品列表如下。

1 电脑 3999
2 鼠标 10
3 游艇 200000
4 烤箱 998

（2）用户输入选择的商品序号，然后打印商品名称及商品价格。

（3）若用户输入的商品序号有误，则提示输入有误，并重新输入。

（4）用户输入 Q 或者 q，退出程序。

```
goods = [{"name": "电脑", "price": 3999},
         {"name": "鼠标", "price": 10},
         {"name": "游艇", "price": 200000},
         {"name": "烤箱", "price": 998}, ]
for i in range(len(goods)):
#######Error#########
    print(i, goods[i]["name"],goods[i]["price"])
while True:
    s = input("请输入序号")
    if s.upper() == "Q":
        break
    if s.isdigit():
#######Error#########
        s = s - 1
        if s >= 0 and s < len(goods):
            print(goods[s]["name"],goods[s]["price"])
        else:
            print("输入有误")
    else:
        print("不合法")
```

45. 竞赛有 5 个评委，每个评委给每个作品打分（0～10 分），去掉一个最高分和一个最低分，最终得分是剩下得分的平均分。10 个作品的名字“作品 1”～“作品 10”已存放于列表 zp 中，每个评委的评分已存放在列表 score 中。

要求：

（1）构建一个字典存放每个作品的作品名和最终得分。

（2）按得分降序输出字典内容。

```
zp=[]
for i in range(1,11):
    #######Error#########
    zp.append('作品'+ i)
fsh=[[9,8,9,7,8],[6,8,7,8,7],[9,9,10,8,9],[9,7,6,8,7],[8,8,7,8,6]]
zzdf=[]
for i in fsh:
#######Error#########
    t=sort(i)
    del(t[0])
    del(t[-1])
    zzdf.append(round(sum(t)/len(t),2))
d=dict(zip(zp,zzdf))
#######Error#########
ditems= d.items()
ditems.sort(key=lambda x:x[1],reverse=True)
for k,v in ditems:
    print(k,':',v)
```

46. 1 元 1 瓶饮料，2 个空饮料瓶可以换 1 瓶饮料。问 20 元能够喝到多少瓶饮料？

```
n=20
x=20
#######Error#########
while n>0:
    x+=n//2
    n=n//2+n%2
    print(n,end=' ')
#######Error#########
print(n)
```

47. 编写函数 fun(n)，返回值是 n 位随机验证码字符串（字母数字组合），调用该函数输出 5 组 4 位验证码。

```
import string
######ERROR######
import random
def fun(n):
    s=string.ascii_letters+string.digits
```

```
    t=''.join(r.sample(s,n))
######ERROR######
    return s
for i in range(5):
    print(fun(4))
```

48. 编写函数 fun(n)，返回值是布尔值，调用该函数判断一个整数是否为完数，并输出相应结论。例如，输出：6 是完数。

```
def fun(n):
######ERROR######
    s=[]
    for i in range(1,n):
        if n%i==0:
            s+=i
    if n==s:
######ERROR######
        return true
    else:
        return False
n=eval(input())
if fun(n):
    print(n,'是完数')
else:
    print(n,'不是完数')
```

49. 输入一个不多于 5 位的正整数。要求：①求它是几位数。②逆序打印出各位数字。

```
def fun(i,cnt):
######ERROR######
    if i=1:
        print('There are {} digit in the number.'.format(cnt))
        return
######ERROR######
    print(i//10)
    i=int(i/10)
    cnt+=1
    fun(i,cnt)
i = int(input('Input a number:'))
fun(i,0)
```

50. 求 $s=\sum_{k=1}^{100}k+\sum_{k=1}^{50}k^2+\sum_{k=1}^{10}\frac{1}{k}$。编写函数 fun(n,m)，求 $\sum_{i=1}^{n}i^m$；编写函数 main()调用 fun

函数输出结果。

```
def fun(n,m):
   s=0
   for i in range(1,n+1):
      s+=i**m
#######ERROR######
retrun s
#######ERROR######
main()
   s=fun(100,1)+ fun(50,2)+ fun(10,-1)
   print("s=",s)
main()
```

五、编程题

1．编程用函数实现 1+2+3+4+…+n，并显示所求的和，其中 n 从键盘输入。例如，若输入 10，则输出 55。

2．使用循环方法求解百钱买百鸡问题。假设公鸡 5 元一只，母鸡 3 元一只，小鸡 1 元三只，现有 100 元钱想买 100 只鸡，编程输出买鸡的方案，共有多少种买法？运行结果输出格式为：

```
0 25 75
4 18 78
8 11 81
12 4 84
4
```

3．对列表[1,2,3,4,5,6,7,8,9,10]求均值并输出。要求输出数值结果，不要额外输出提示信息字符串。

4．编程计算 100 以内奇数的和。要求输出数值结果，不要额外输出提示信息字符串。

5．程序运行时从键盘上输入任意一个正整数，编程计算并输出该数的阶乘。例如，输入 5，输出 120。

6．编程输出斐波那契数列第 10 项。例如，数列为 0，1，1，2，3，5，8，13，21，34，运行输出 34。

7．编程计算前 30 项的和：s=1+(1+2)+(1+2+3)+(1+2+3+4)+…+(1+2+3+4+…+n)。

8．编写一个函数 fun(x,y)，函数值为两个正整数的最大公约数，程序运行时从键盘上输入两个数。例如，16 和 24，调用 fun 函数后输出 8。注意输入输出数据都在主程序中完成。

9．编写一个函数，程序运行时从键盘上输入一个英文字符串，调用函数判断该字符串是否回文并输出“是”或者“否”。例如，“level”就是回文，原字符串和逆序串相同。

10．输出如下格式的九九乘法表：

```
1*1= 1
2*1= 2 2*2= 4
3*1= 3 3*2= 6 3*3= 9
4*1= 4 4*2= 8 4*3=12 4*4=16
5*1= 5 5*2=10 5*3=15 5*4=20 5*5=25
6*1= 6 6*2=12 6*3=18 6*4=24 6*5=30 6*6=36
7*1= 7 7*2=14 7*3=21 7*4=28 7*5=35 7*6=42 7*7=49
8*1= 8 8*2=16 8*3=24 8*4=32 8*5=40 8*6=48 8*7=56 8*8=64
9*1= 9 9*2=18 9*3=27 9*4=36 9*5=45 9*6=54 9*7=63 9*8=72 9*9=81
```

11．程序运行时从键盘上输入一个大于 2 的自然数，判断该数是否为素数。要求运行时输入 11，结果显示：11 是素数。

12．计算所有三位水仙花数的和，并输出求和结果。要求仅输出数值结果，不要额外输出“运行结果：”等类似的提示字符串。

13．完数是指该数所有的因子（除去其本身外）相加之和等于其自身。例如，整数6的因子为1，2，3，6，除去整数本身6，其余的因子1+2+3之和与整数自身6相等，6就是一个完数。求1000以内所有完数的和。

14．从键盘上输入一段文本，编程实现这段文本的逆序输出。要求：输入的文本为hello，输出为olleh。

15．求1！+2！+…+n!。例如，运行后从键盘上输入n的值为5，输出153。

16．求100～200之间素数的个数。

17．韩信点兵的典故：韩信带1500名士兵去打仗，战死400～500人，3人一排多出2人，5人一排多出4人，7人一排多出6人。编程计算剩下士兵的人数。仅输出人数，不要额外输出相应提示信息。

18. 编程求 0～100 之间能被 2 整除或能被 3 整除的数的和。

19. 用循环语句画边长为 200 的红色正五角星。

3.2　参考答案

一、单项选择题

1. B　2. B　3. A　4. B　5. D　6. C　7. C　8. C　9. A
10. A　11. A　12. C　13. A　14. C　15. B　16. A　17. B　18. B
19. D　20. C　21. B　22. D　23. C　24. D　25. A　26. C　27. A
28. B　29. D　30. C　31. A　32. A　33. B　34. D　35. D　36. B
37. D　38. D　39. D　40. B　41. B　42. A　43. C　44. D　45. B
46. B　47. A　48. C　49. B　50. B　51. D　52. C　53. A　54. D
55 B　56. C　57. C　58. B　59. D　60. C　61. C　62. B　63. A
64. D　65. C　66. A　67. C　68. C　69. B　70. C　71. B　72. C
73. D　74. B　75. D　76. D　77. D　78. C　79. D　80. B　81. D
82. B　83. B　84. C　85. B　86. D　87. D　88. D　89. C　90. A
91. B　92. D　93. D　94. C　95. C　96. B　97. D　98. A　99. D
100. D　101. C　102. C　103. A　104. D　105. B　106. C　107. C　108. D
109. A　110. C　111. D　112. D　113. B　114. C　115. D　116. B　117. D
118. D　119. D　120. C　121. D　122. C　123. C　124. B　125. D　126. C
127. B　128. A　129. A　130. A　131. A　132. B　133. C　134. B　135. A
136. C　137. B　138. C　139. A　140. A　141. B　142. B　143. D　144. C
145. A　146. C　147. D　148. B　149. A　150. D　151. B　152. A　153. A
154. D　155. D　156. A　157. B　158. C　159. B　160. B　161. D　162. B

163. D　164. A　165. C　166. B　167. B　168. D　169. D　170. A　171. A
172. A　173. B　174. C　175. C　176. A　177. A　178. B　179. A　180. A
181. C　182. C　183. D　184. D　185. D　186. A　187. D　188. D　189. B
190. A　191. C　192. C　193. D　194. B　195. B　196. C　197. D　198. C
199. D　200. B

二、判断题

1～5. √××√×　6～10. √√×√√　11～15. √××√×
16～20. ×√×√×　21～25. ×√√√√　26～30. ×××√×
31～35. ×√×××　36～40. ××√√×　41～45. √××√√
46～50. ×√×√√　51～55. ×√√×√　56～60. √×√××
61～65. ××××√　66～70. ×√×√√　71～75. √√××√
76～80. ××√√√　81～85. √√√√×　86～90. √×√×√
91～95. √×√√√　96～100. √√×××　101～105. ×√×√×
106～110. ×√√×√　111～115. √√√√×　116～120. √××√×
121～125. ××√××　126～130. √√√×√　131～135. ×√√×√
136～140. √××√√　141～145. ×√√××　146～150. √√××√

三、程序填空题

1. ①sum = 0　②101
2. ①return x　②return y
3. ①len(str) 或 4　②i = i+1 或 i += 1
4. ①import jieba　②s
5. ①not in　②1
6. ①rd　②return area
7. ①import turtle as tr　②90
8. ①a > b 或 a >= b　②b, a
9. ①10　②append(n)
10. ①101　②i % 2 == 0
11. ①random　②choice
12. ①sum = 0　②dict_menu.values()
13. ①append('apple') 或 append("apple")　②len
14. ①begin_fill()　②'red' 或 "red"
15. ①math　②x % 2 == 0
16. ①split()或 split(' ') 或 split(" ")　②1/2 或 0.5　③.2f
17. ①s = 0　②range(3)或 range(0,3) 或 range(len(a)) 或 range(0,len(a)) 或 range(len(b)) 或 range(0,len(b))

18. ①len(s)　②len(jieba.lcut(s))
19. ①10　②append(x*x)或 append(x**2)
20. ①int 或 eval　②and
21. ①and　②gcd　③1
22. ①2　②mid−1　③mid+1
23. ①return 'B' 或 return "B"　②else　③your_score
24. ①as　②circle(100)　③end_fill()
25. ①y!=x　②(x!=z) and (y!=z)
26. ①bonus=0　②i>profit[x]
27. ①flag=True　②mid+1
28. ①[]　②l.sort()
29. ①int 或 eval　②format
30. ①n　②break
31. ①s　②else: 或 elif:
32. ①t*10+a　②s
33. ①n　②record[−1]
34. ①1　②(peach(n−1)+1)*2
35. ①2*i−1　②n
36. ①total = 0　②b,a+b
37. ①x+1　②sum
38. ①return 1　②fun(n−1)+fun(n−2)
39. ①x==1　②fun(x−1)+2
40. ①len(num)　②−1
41. ①num[::−1]　②else:
42. ①str(i)　②sorted(i)　③True
43. ①[]　②total+=a[i][i] 或 total= total +a[i][i]
44. ①append(i)　②sum(t)
45. ①'r'　②'w'　③write(temp)
46. ①f.readline()　②not line
47. ①import turtle　②turtle.right(90)
48. ①break　②else
49. ①split()　②get(i,0)
50. ①values()　②max(cj)　③in

四、程序改错题

1. ①target_number=random.randint(0,10)　②while True:
③print("一共猜了{}次".format(guess_times)) 或 print('一共猜了{}次'.format(guess_

times)) 或 print('''一共猜了{}次'''.format(guess_times))

2. ①s=0 ②if i%j==0: ③for j in range(1,i):

3. ①if customer_price >=50 and customer_price<=100: 或 if customer_price<=100 and customer_price >=50 : 或 if 100>= customer_price>=50: 或 if 50<= customer_price<=100:

②elif customer_price >100:

③print("disconunt 20% ,after discount you shoud pay {}".format(customer_price*(1-0.2))) 或 print("disconunt 20% ,after discount you shoud pay {}".format(customer_price*0.8))

4. ①p.append(x) ②max=p[0]

③for i in range(1,10): 或 for i in range(10): 或 for i in range(0,10):

5. ①def f(n): ②print(f(9))

6. ①if a%4==0 and a%100!=0: 或 if a%100!=0 and a%4==0: ②elif a%400==0:

7. ①s.append(x) ②p.add(x)

8. ①continue

②b = int(i//10%10) 或 b = int(i%100//10) 或 b = i%100//10 或 b = i//10%10

③if s == i: 或 if i == s:

9. ①while key!='0': 或 while key!="0": 或 while key!= '''0''': ②d[key]=value

10. ①lxm.append(i['name']) 或 lxm.append(i["name"])

②dpj=dict(zip(lxm,lpj)) ③if v==zgf: 或 if zgf==v:

11. ①while guess_times>0: 或 while guess_times>=1: ②break

③if guess_times==0:

12. ①for i in range(1,106): ②if j % 10 == 0: 或 if j// 10 ==1: ③continue

13. ①tmp='' 或 tmp="" 或 tmp="""" ②else: 或 elif n==1:

14. ①n=len(a)

②while flag==-1 and lower<=upper: 或 while lower<=upper and flag==-1:

③if flag==1: 或 if 1==flag:

15. ①days=0 ②dic['2']=29 或 dic["2"]=29 或 dic['''2''']=29

③for i in range(1,int(obj)):

16. ①x=[] ②x[j],x[j+1]=x[j+1],x[j] 或 x[j+1],x[j]=x[j],x[j+1]

17. ①x.append(m) ②if k!=i: 或 if i!=k:

18. ①s.append(x) 或 s.insert(i,x) ②b=s[0] 或 b=s[a-1]:

③s.remove(b): 或 s.pop(s.index(b))

19. ①for i in range(n//2): 或 for i in range(int(n//2)):

②x[i],x[n-i-1]=x[n-i-1],x[i] 或 x[n-i-1],x[i]= x[i],x[n-i-1]

20. ①if i >='a' and i<='z' or i>='A' and i<='Z' : 或 if i>='A' and i<='Z' or i >='a' and i<='z': 或 if i.isalpha():

②dic['integer'] +=1 或 dic['integer'] = dic['integer']+1 或 dic['integer'] = 1+dic['integer']

③print('{}={}'.format(i,dic[i]))

21. ①n=len(text)　②flag=1

③if text[n−1−i]!=text[i]: 或 if text[i]!=text[n−1−i]: 或 if text[n−i−1]!=text[i]: 或 if text[i]!=text[n−i−1]:

22. ①for i in range(4): 或 for i in range(0,4):或 for i in range(1,5):

②if pw[i]!=checkcode[i]: 或 if checkcode[i]!= pw[i]:

③if i==3: 或 if 3==i:

23. ①for j in range(len(b[0])): 或 for j in range(0,len(b[0])):

②t+=a[i][k]*b[k][j] 或 t=t+a[i][k]*b[k][j]或 t+=b[k][j]* a[i][k]或 t=t+b[k][j]* a[i][k]

③c[i][j]=t

24. ①while abs(f)>=10**(−5): 或 while abs(f)>=1e(−5): 或 while 10**(−5)>= abs(f): 或 while 1e(−5) >= abs(f):

②for i in range(1,2*n):

③f=flag*k/s 或 f=k/s*flag 或 f=flag/s*k 或 f=k*flag/s

25. ①for i in p:　②d={}或 d=dict()　③word,n=ld[i]或 word=ld[i][0];n=ld[i][1]

26. ①if x>='a' and x<'z':　②news+="a"

27. ①y=x[0:10]　②y.sort(reverse=True)

28. ①while(num not in list1) and (num!=1):　②if num==1:

29. ①if step==1 or step==2:　②for i in range(3,step+1):

30. ①for i in range(2,n + 1,2):　②s = fp(n)

31. ①a = []　②a[i].append(float(input("input num:\n")))

32. ①a[i][0] = 1　②for j in range(1,i):

33. ①for key in person.keys():　②print('{},{}'.format(m,person[m]))

34. ①while (i < 5)　②break

35. ①n=0　②n=n*8+ord(p[i])−ord('0')

36. ①aa.append(a // 1000)　②for i in range(2):

37. ①fp = open(filename , "w+")或 fp = open(filename , "w")

②while '#' not in ch:

38. ①l = list(a + b)　②s = ''.join(l)

39. ①contentList=fp.readlines()　②fp.writelines(new_list)

40. ①avg=sum(num)/len(num)　②return avg,m

41. ①with open('user_pwd','w',encoding='utf−8') as f:　②for j in f:

42. ①import string

②code_li.append(random.choice(string.digits+string.ascii_lowercase+string.ascii_uppercase))

43. ①def __init__(self, name, age, score):

②print("姓名:{}年龄:{}成绩:{}".format(i.name, i.age, i.score))

44. ①print(i+1, goods[i]["name"],goods[i]["price"]) ②s = int(s) – 1
45. ①zp.append('作品'+ str(i)) ②t=sorted(i) ③ditems=list(d.items())
46. ①while n>1: ②print(x)
47. ①import random as r ②return t
48. ①s=0 ②return True
49. ①if i==0: ②print(i%10)
50. ①return s ②def main():

五、编程题

1.

```
def f(n):
    s=0
    for i in range(1,n+1):
        s=s+i
    return s
n=eval(input("请输入n值: "))
print(f(n))
```

2.

```
s=0
for x in range(21):
    for y in range(34):
        z = 100 - x - y
        if z%3==0 and 5*x + 3*y + z//3 == 100:
            print(x, y, z)
            s=s+1
print(s)
```

3.

```
ls=[1,2,3,4,5,6,7,8,9,10]
pj= sum(ls)/len(ls)
print(pj)
```

4.

```
s=0
for i in range(1,101,2):
    s=s+i
print(s)
```

5.

```
n=eval(input("请输入一个正整数: "))
p=1
for i in range(1,n+1):
```

```
    p=p*i
print(p)
```

6.

```
x0,x1=0,1
for n in range(8):
    x0,x1=x1,x0+x1
print(x1)
```

7.

```
t,sum=0,0
for i in range(1,31):
    t = t + i
    sum = sum + t
print(sum)
```

8.

```
def gcd(m1,n1):
    r=m1%n1
    while r!=0:
        m1=n1
        n1=r
        r=m1%n1
    return n1
m,n=eval(input("请输入两个自然数，用逗号分隔："))
if m<n:
    m,n=n,m
print("最大的公约数：",gcd(m,n))
```

9.

```
def isHuiwen(s):
    if s==s[::-1]:
        return True
    else:
        return False
ss=input('请输入一个英文字符串：')
if isHuiwen(ss):
    print('是')
else:
    print('否')
```

10.

```
for i in range(1,10):
    for j in range(1,i+1):
        print("{}*{}={}".format (i,j,i*j),end=" ")
    print()
```

11.

```
n=eval(input("请输入一个自然数："))
for i in range(2,n):
    if n%i==0:
        break
else:
    print("{}是素数".format(n))
```

12.

```
ns=0
for n in range(100,1000):
    b=n//100
    s=n%100//10
    g=n%10
    if b**3+s**3+g**3==n:
        ns+=n
print(ns)
```

13.

```
s=0
for j in range(1,1001):
    k=0
    for i in range(1,j-1):
        if j%i==0:
            k=k+i
    if k==j:
        s=s+j
print(s)
```

14.

```
s=input("请输入一段文本：")
i=-1
while i>=-1*len(s):
    print(s[i],end="")
    i=i-1
```

15.

```
k=eval(input("请输入阶乘的数值:"))
sum1=0
for i in range(1,k+1):
      t = 1
      for j in range(1,i+1):
         t *= j
      sum1 += t
print(sum1)
```

16.

```
k=0
for a in range(100,200):
    for i in range(2,a):
        if a%i==0:
            break
    else:
        k=k+1
print(k)
```

17.

```
for i in range(1000,1101):
    if i%3==2 and i%5==4 and i%7==6:
        print(i)
```

18.

```
s=0
for i in range(1,101):
    if i%2==0 or i%3==0:
        s=s+i
print(s)
```

19.

```
import turtle
turtle.color('red')
for i in range(5):
    turtle.forward(200)
    turtle.right(144)
```

第 4 章　二级 Python 模拟试卷及参考答案

4.1　全国计算机等级考试二级 Python 语言程序设计模拟试卷

说明：

1. 考试时间为 120 分钟，考试方式为无纸化考试。

2. 本试卷共 100 分，其中单项选择题 40 分（含计算机公共基础知识 10 分），基本编程题 15 分，简单应用题 25 分，综合应用题 20 分。

一、单项选择题（共 40 分）

1. 按照“先进后出”原则组织数据的数据结构是（　　）。
   A．队列　　B．栈　　C．双向链表　　D．二叉树
2. 以下选项的叙述，正确的是（　　）。
   A．循环队列有队头和队尾两个指针，因此循环队列是非线性结构
   B．在循环队列中，只需要队头指针就能反映队列中元素的动态变化情况
   C．在循环队列中，只需要队尾指针就能反映队列中元素的动态变化情况
   D．循环队列中元素的个数是由队头指针和队尾指针共同决定的
3. 关于数据的逻辑结构，以下选项描述正确的是（　　）。
   A．存储在外存中的数据
   B．数据所占的存储空间量
   C．数据在计算机中的顺序存储方式
   D．数据的逻辑结构是反映数据元素之间逻辑关系的数据结构
4. 以下选项中，不属于结构化程序设计方法的是（　　）。
   A．自顶向下　　B．逐步求精　　C．模块化　　D．可封装
5. 以下选项中，不属于软件生命周期中开发阶段任务的是（　　）。
   A．软件测试　　B．概要设计　　C．软件维护　　D．详细设计
6. 为了使模块尽可能独立，以下选项描述正确的是（　　）。
   A．模块的内聚程度要尽量高，而且各模块间的耦合程度要尽量强
   B．模块的内聚程度要尽量高，而且各模块间的耦合程度要尽量弱
   C．模块的内聚程度要尽量低，而且各模块间的耦合程度要尽量弱
   D．模块的内聚程度要尽量低，而且各模块间的耦合程度要尽量强
7. 以下选项描述正确的是（　　）。
   A．软件交付使用后还需进行维护

B．软件一旦交付就不需要再进行维护

C．软件交付使用后其生命周期就结束

D．软件维护是指修复程序中被破坏的指令

8．数据独立性是数据库技术的重要特点之一。关于数据独立性，以下选项描述正确的是（　　）。

A．数据与程序独立存放

B．不同数据被存放在不同的文件中

C．不同数据只能被对应的应用程序所使用

D．以上三种说法都不对

9．以下选项中，数据库系统的核心是（　　）。

A．数据模型　B．数据库管理系统　C．数据库　D．数据库管理员

10．一间宿舍可以住多个学生，以下选项描述了实体宿舍和学生之间联系的是（　　）。

A．一对一　B．一对多　C．多对一　D．多对多

11．以下选项中，不是 Python 文件读操作方法的是（　　）。

A．read　B．readline　C．readlines　D．readtext

12．以下选项说法不正确的是（　　）。

A．静态语言采用解释方式执行，脚本语言采用编译方式执行

B．C 语言是静态语言，Python 语言是脚本语言

C．编译是将源代码转换成目标代码的过程

D．解释是将源代码逐条转换成目标代码并逐条运行目标代码的过程

13．拟在屏幕上打印输出“Hello World”，以下选项中正确的是（　　）。

A．print（Hello World）　B．print（'Hello World'）

C．printf（"Hello World"）　D．printf（'Hello World'）

14．以下选项中，不是 Python 语言特点的是（　　）。

A．强制可读：Python 语言通过强制缩进来体现语句间的逻辑关系

B．变量声明：Python 语言具有使用变量需要先定义后使用的特点

C．平台无关：Python 程序可以在任何安装了解释器的操作系统环境中执行

D．黏性扩展：Python 语言能够集成 C、C++等语言编写的代码

15．IDLE 环境的退出命令是（　　）。

A．exit()　B．esc()　C．close()　D．回车键

16．以下选项中，不符合 Python 语言变量命名规则的是（　　）。

A．keyword_33　B．keyword33_　C．33_keyword　D．_33keyword

17．以下选项中，不是 Python 语言保留字的是（　　）。

A．for　B．while　C．continue　D．goto

18．以下选项中，Python 语言中代码注释使用的符号是（　　）。

A．//　B．/*……*/　C．!　D．#

19．关于 Python 语言的变量，以下选项说法正确的是（　　）。

A．随时命名、随时赋值、随时变换类型

B．随时声明、随时使用、随时释放

C．随时命名、随时赋值、随时使用

D．随时声明、随时赋值、随时变换类型

20．Python 语言提供的 3 个基本数字类型是（　　）。

A．整数类型、二进制类型、浮点数类型

B．整数类型、浮点数类型、复数类型

C．十进制类型、二进制类型、十六进制类型

D．整数类型、二进制类型、复数类型

21．以下选项中，不属于 IPO 模式一部分的是（　　）。

A．Input（输入）　　B．Program（程序）

C．Process（处理）　　D．Output（输出）

22．以下选项中，属于 Python 语言中合法的二进制整数是（　　）。

A．0b1708　　B．0B1010

C．0B1019　　D．0bC3F

23．关于 Python 语言的浮点数类型，以下选项描述错误的是（　　）。

A．浮点数类型与数学中实数的概念一致

B．浮点数类型表示带有小数的类型

C．Python 语言要求所有的浮点数必须带有小数部分

D．小数部分不可以为 0

24．关于 Python 语言数值操作符，以下选项中错误的是（　　）。

A．x / y 表示 x 与 y 之商

B．x // y 表示 x 与 y 的整数商，即不大于 x 与 y 之商的最大整数

C．x ** y 表示 x 的 y 次幂，其中 y 必须是整数

D．x % y 表示 x 与 y 之商的余数，也称为模运算

25．以下选项中，不是 Python 语言基本控制结构的是（　　）。

A．顺序结构　　B．程序异常　　C．循环结构　　D．跳转结构

26．关于分支结构，以下选项描述不正确的是（　　）。

A．if 语句中语句块执行与否依赖于条件判断

B．if 语句中条件部分可以使用任何能够产生 True 和 False 的语句和函数

C．二分支结构有一种紧凑形式，使用保留字 if 和 elif 实现

D．多分支结构用于设置多个判断条件及其对应的多条执行路径

27．关于 Python 函数，以下选项描述错误的是（　　）。

A．函数是一段具有特定功能的语句组

B．函数是一段可重用的语句组

C．函数通过函数名进行调用

D．每次使用函数需要提供相同的参数作为输入

28．以下选项中，不是 Python 中用于开发用户界面的第三方库是（　　）。

A．turtle　　B．PyQt5　　C．wxPython　　D．PyGTK

29．以下选项中，不是 Python 中用于进行数据分析及可视化处理的第三方库是（　　）。

A．numpy　　B．pandas　　C．mayavi2　　D．mxnet

30．以下选项中，不是 Python 中用于进行 Web 开发的第三方库是（　　）。

A．flask　　B．django　　C．scrapy　　D．pyramid

31．下面代码的执行结果是（　　）。

```
>>> 1.23e - 4 + 5.67e + 8j.real
```

A．0.000123　　B．1.23　　C．5.67e+8　　D．1.23e4

32．下面代码的执行结果是（　　）。

```
>>> s = "11+5in"
>>> eval(s[1:-2])
```

A．16　　B．6　　C．11+5　　D．执行错误

33．下面代码的执行结果是（　　）。

```
>>> abs(-3 + 4j)
```

A．3.0　　B．4.0　　C．5.0　　D．执行错误

34．下面代码的执行结果是（　　）。

```
>>> x = 2
>>> x *= 3 + 5 ** 2
```

A．13　　B．115　　C．56　　D．8192

35．下面代码的执行结果是（　　）。

```
ls = [[1,2,3],[[4,5],6],[7,8]]
print(len(ls))
```

A．1　　B．3　　C．4　　D．8

36．下面代码的执行结果是（　　）。

```
a = "Python 等级考试"
b = "="
c = ">"
print("{0:{1}{3}{2}}".format(a,b,25,c))
```

A．===============Python 等级考试

B．Python 等级考试===============

C．>>>>>>>>>>>>>>>Python 等级考试

D．Python 等级考试>>>>>>>>>>>>>>>

37．给出如下代码：

```
While True:
    guess = eval(input())
```

```
    if guess == 0x452 // 2:
        break
```

作为输入能够结束程序运行的是（　　）。

A. break　　B. 553　　C. 0x452　　D. "0x452 // 2"

38. 下面代码的执行结果是（　　）。

```
ls = ["2020","20.20","Python"]
ls.append(2020)
ls.append([2020,"2020"])
print(ls)
```

A. ['2020', '20.20', 'Python',2020,2020, '2020']

B. ['2020', '20.20', 'Python',2020]

C. ['2020', '20.20', 'Python',2020,[2020, '2020']]

D. ['2020', '20.20', 'Python',2020,['2020']]

39. 设 city.csv 文件内容如下：

巴哈马，巴林，孟加拉国，巴巴多斯

白俄罗斯，比利时，伯利兹

下面代码的执行结果是（　　）。

```
f = open("city.csv", "r")
ls = f.read().split(",")
f.close()
print(ls)
```

A. ['巴哈马','巴林','孟加拉国','巴巴多斯','白俄罗斯','比利时','伯利兹']

B. ['巴哈马','巴林','孟加拉国','巴巴多斯\n 白俄罗斯','比利时','伯利兹']

C. ['巴哈马,巴林,孟加拉国,巴巴多斯,白俄罗斯,比利时,伯利兹']

D. ['巴哈马','巴林','孟加拉国','巴巴多斯','\n','白俄罗斯','比利时','伯利兹']

40. 下面代码的执行结果是（　　）。

```
d = {}
for i in range(26):
    d[chr(i+ord("a"))] = chr((i+13)%26 + ord("a"))
for c in "Python":
    print(d.get(c,c),end = "")
```

A. Plguba　　B. Cabugl　　C. Python　　D. Pabugl

二、基本编程题（共 15 分）

1. 根据输入字符串 s，输出一个宽度为 15 字符，字符串 s 居中显示，以“=”填充的格式。若输入字符串超过 15 个字符，则输出字符串前 15 个字符。例如，若输入字符串 s 为“PYTHON”，则输出“=====PYTHON=====”。

```
s = input("请输入一个字符串：")
```

```
print(____)
```

2．根据斐波那契数列的定义，F（0）=0，F（1）=1，F（n）=F（n−1）+F（n−2）（n>=2），输出不大于 100 的序列元素，请补充横线处的代码。

```
a，b = 0,1
while__①__:
    print(a,end = ",")
    a,b = __②__
```

3．如下是一个完整程序，请补充横线处代码，输出如“2020 年 10 月 10 日 10 时 10 分 10 秒”样式的时间信息。

```
__①__
timestr = "2020-10-10 10:10:10"
t = time.strptime(timestr,"%Y-%m-%d %H:%M:%S")
print(time.strftime(__②__,t))
```

三、简单应用题（共 25 分）

1．使用 turtle 库的 turtle.fd()函数和 turtle.seth()函数绘制一个等边三角形，边长为 200 像素，效果如图 4-1 所示。请结合程序整体框架，补充横线处代码。

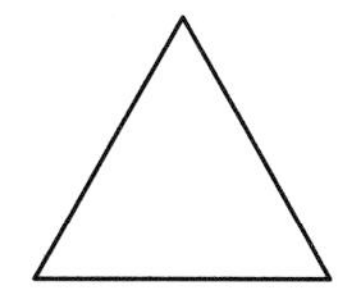

图 4-1 应用题 1

```
import turtle as __①__
for i in range(__②__):
    t.seth(__③__)
    t.fd(200)
```

2．编写代码完成如下功能。

（1）建立字典 d，包含内容是“数学”：101；“语文”：202；“英语”：203；“物理”：204；“生物”：206。

（2）向字典中添加键值对“化学”：205。

（3）修改“数学”对应的值为 201。

（4）删除“生物”对应的键值对。

（5）打印字典 d 全部信息，参考格式如下（注意，其中冒号为英文逗号，逐行打印）：

```
201：数学
202：语文
（略）
```

四、综合应用题（共 20 分）

请编写程序，生成随机密码。具体要求如下：

（1）使用 random 库，采用 0x1010 作为随机数种子。

（2）密码由 26 个字母大小写、10 个数字字符和!@#$%^&*等 8 个特殊符号组成。

（3）每个密码长度固定为 10 个字符。

（4）程序运行每次产生 10 个密码，每个密码一行。

（5）每次产生的 10 个密码首字符不能一样。

（6）程序运行后产生的密码保存在“随机密码.txt”文件中。

4.2 参考答案

一、单项选择题（共 40 分）

1. B	2. D	3. D	4. D	5. C	6. B	7. A	8. D	9. B
10. B	11. D	12. A	13. B	14. B	15. A	16.C	17.D	18. D
19. C	20. B	21. B	22. B	23. D	24. C	25. D	26. C	27. D
28. A	29. D	30. C	31. A	32. B	33. C	34. C	35.B	36. A
37. B	38. C	39. B	40. A					

二、基本编程题（共 15 分）

1．"{:=^15}".format(s)

2．①a<=100　　②b，a+b

3．①import time　　②"%Y 年%m 月%d 日%H 时%M 分%S 秒"

三、简单应用题（共 25 分）

1．①t　　②3　　③i*120

2．（1）d = {"数学"：101，"语文"：201，"英语"：201，"物理"：204，"生物"：206}

（2）d["化学"] = 205

（3）d["数学"] = 201

（4）del d["生物"]

（5）for key in d：

　　print("{}：{}".format(d[key],key))

四、综合应用题（共 20 分）

```
import random
random.seed(0x1010)
```

```
s="abcdefghijklmnopqrstuvwxyzABCDEFGHIJKLMNOPQRSTUVWXYZ1234567890
!@#$%^&* "
ls = []
excludes = ""
while len(ls) < 10:
pwd = ""
    for i in range(10)):
        pwd += s[random.randint(0, len(s)-1)]
    if pwd[0] in excludes:
        continue
    else:
        ls.append(pwd)
        excludes += pwd[0]
fo = open("随机密码.txt",  "w")
fo.write("\n". join(ls))
fo.close()
```

参 考 文 献

陈东，2019. Python 语言程序设计实践教程[M]. 上海：上海交通大学出版社.

董付国，2019. Python 程序设计实验指导书[M]. 北京：清华大学出版社.

黄天羽，李芬芬，2018. 高教版 Python 语言程序设计冲刺试卷（含线上题库）[M]. 北京：高等教育出版社.

教育部考试中心，2018. 全国计算机等级考试二级教程：Python 语言程序设计（2018 年版）[M]. 北京：高等教育出版社.

梁勇（Y.Daniel Liang），2015. Python 语言程序设计[M]. 李娜，译. 北京：机械工业出版社.

刘德山，付彬彬，黄和，2018. Python 3 程序设计基础[M]. 北京：科学出版社.

刘卫国，2016. Python 语言程序设计[M]. 北京：电子工业出版社.

嵩天，礼欣，黄天羽，2017. Python 程序设计基础[M]. 2 版. 北京：高等教育出版社.

附录　全国计算机等级考试二级 Python 语言程序设计考试大纲（2018 年版）

基 本 要 求

1. 掌握 Python 语言的基本语法规则。
2. 掌握不少于 2 个基本的 Python 标准库。
3. 掌握不少于 2 个 Python 第三方库，掌握获取并安装第三方库的方法。
4. 能够阅读和分析 Python 程序。
5. 熟练使用 IDLE 开发环境，能够将脚本程序转变为可执行程序。
6. 了解 Python 计算生态在以下方面（不限于）的主要第三方库名称：网络爬虫、数据分析、数据可视化、机器学习、Web 开发等。

考 试 内 容

一、Python 语言基本语法元素

1 程序的基本语法元素：程序的格式框架、缩进、注释、变量、命名、保留字、数据类型、赋值语句、引用。

2. 基本输入输出函数：input()、eval()、print()。

3. 源程序的书写风格。

4. Python 语言的特点。

二、基本数据类型

1. 数字类型：整数类型、浮点数类型和复数类型。
2. 数字类型的运算：数值运算操作符、数值运算函数。
3. 字符串类型及格式化：索引、切片、基本的 format()格式化方法。
4. 字符串类型的操作：字符串操作符、处理函数和处理方法。
5. 类型判断和类型间转换。

三、程序的控制结构

1. 程序的三种控制结构。
2. 程序的分支结构：单分支结构、二分支结构、多分支结构。
3. 程序的循环结构：遍历循环、无限循环、break 和 continue 循环控制。

4. 程序的异常处理：try-except。

四、函数和代码复用

1. 函数的定义和使用。
2. 函数的参数传递：可选参数传递、参数名称传递、函数的返回值。
3. 变量的作用域：局部变量和全局变量。

五、组合数据类型

1. 组合数据类型的基本概念。
2. 列表类型：定义、索引、切片。
3. 列表类型的操作：列表的操作函数、列表的操作方法。
4. 字典类型：定义、索引。
5. 字典类型的操作：字典的操作函数、字典的操作方法。

六、文件和数据格式化

1. 文件的使用：文件打开、读写和关闭。
2. 数据组织的维度：一维数据和二维数据。
3. 一维数据的处理：表示、存储和处理。
4. 二维数据的处理：表示、存储和处理。
5. 采用 CSV 格式对一二维数据文件的读写。

七、Python 计算生态

1. 标准库：turtle 库（必选）、random 库（必选）、time 库（可选）。
2. 基本的 Python 内置函数。
3. 第三方库的获取和安装。
4. 脚本程序转变为可执行程序的第三方库：PyInstaller 库（必选）。
5. 第三方库：jieba 库（必选）、wordcloud 库（可选）。
6. 更广泛的 Python 计算生态，只要求了解第三方库的名称，不限于以下领域：网络爬虫、数据分析、文本处理、数据可视化、用户图形界面、机器学习、Web 开发、游戏开发等。

考 试 方 式

上机考试，考试时长 120 分钟，满分 100 分。

1. 题型及分值

单项选择题 40 分（含公共基础知识部分 10 分）。

操作题 60 分（包括基本编程题和综合编程题）。

2. 考试环境

Windows 7 操作系统，建议 Python 3.4.2 至 Python 3.5.3 版本，IDLE 开发环境。